有限要素法とその応用

有限要素法とその応用

森　正　武　著

〔応用数学叢書〕

岩　波　書　店

まえがき

本書は，有限要素法を応用数学の立場に立って入門的に解説したものである．有限要素法は，構造解析に不可欠な道具であると同時に，種々の自然現象を記述する偏微分方程式系を数値的に解くための一つの強力な手法であり，実際，有限要素法が工学や自然科学においてその地位を確立してから既に久しい．それにともなって，現在までにおびただしい数の有限要素法に関する本が世に出ている．有限要素法に対するアプローチの仕方には伝統的に二つの立場がある．一方は構造解析の立場であり，他方は偏微分方程式を解く立場である．したがって，有限要素法の本を書く場合にもこれら二つの立場がある．本書は，偏微分方程式を解く後者の立場に立つものである．さらに，有限要素法の本は，実際の計算法を説く技術的書物と，その理論的背景を説く数学的書物に大別することができる．最初に述べたように，本書はどちらかというと後者の部類に属している．

有限要素法が実用に供される対象は主として2次元あるいは3次元の問題であるが，理解を容易にするために，本書ではまず1次元の問題から説き起こし，方法の説明と同時にその数学的背景および誤差解析を論じている．そして，本書の主要部では，熱伝導方程式，波動方程式等時間に依存する問題を含めて，2次元の問題を中心に解説を行っている．第3章，第6章，第7章，第14章は誤差解析の理論等，かなり数学寄りの記述になっているので，主としてむしろ手法としての有限要素法に関心のある読者は，最初に本書を読む場合にはこれらの章は読みとばして先へ進むのも一つの方法であろう．

実際問題に有限要素法を適用すると，最終段階で必ず数千次元あるいは数万次元の大規模疎行列を係数にもつ連立1次方程式を解くこと，あるいはそのような大行列の固有値問題を解くことが必要になる．したがって，有限要素法をその技術的側面に到るまで完全に理解するためには，これら大規模疎行列の数値解析をも学ぶ必要がある．しかし，この問題はそれ自身で大きな問題であり，その詳細を記述することは本書の範囲を越える．そのため，この問題に関しては，本書では単に簡単なコメントを掲げるに留めた．

有限要素法に関して得られている学術的成果の量は膨大で，その全体を1冊の書物に収めることはもとより不可能であり，また著者にその能力はない．したがって，本書の内容は網羅的ではなく，初学者に必要な最小限の項目を重点的に取り上げて解説してある．とくに，第13章の非線形問題については解法について述べるに留めた．さらに関心のある読者は，巻末に掲げた参考文献などを手掛かりにしてより専門的な内容へと進まれることを期待している．

本書は，原則として他書を参照しないで読み進めることができるように形を整えてある．有限要素法を学ぶためには変分法の知識が不可欠であり，また有限要素法を数学的に理解しようとすると関数解析の知識が必要になる．しかし，本書ではこれらの知識は前提としていない．むしろ本書を読み進めることによって，有限要素法という極めて実際的な題材を通じて変分法および関数解析の初歩を習得できるように工夫したつもりである．また，本書は数学的書物の部類に属すとはいっても，抽象的すぎる記述はなるべく避け，むしろ直感的理解が容易になるように，そして有限要素法の理論が計算機を使った実際計算と密接に結び付くように意を注いだつもりである．さらに，理論的な議論の中でも，なるべく古典的な用語を使いながら新しい概念を説明し，現代数学の専門用語になじみの薄い物理学者や工学者も抵抗なく読めるように心掛けた．したがって，有限要素法を初めて学ぼうとする理工系学生のテキストとして本書が役立つことを期待すると同時に，有限要素法を自分の道具として使ってきた科学者や技術者がその理論的側面に関心をもつようになった場合にも，その興味を少しでも満足させることができるものであることを願っている．

本書を完成させるにあたって大勢の方々にお世話になった．とくに，有限要素法の数学的側面に著者の興味を向けて下さった藤田宏先生，原稿あるいは校正刷に注意深く目を通して貴重な助言を下さった名取亮君，中村正彰君，杉原正顕君，たびたび著者の無理を聞いて下さった岩波書店の宮内久男氏に感謝の意を表したい．

1983年6月

森　正武

目　　次

まえがき

第1章　有限要素法の原理 …… 1

§1.1　2点境界値問題 …… 1

§1.2　一般 Fourier 展開型の解 …… 2

§1.3　区分的1次の基底関数 …… 3

§1.4　近似方程式の構成 …… 5

§1.5　行列の性質と有限要素解 …… 7

第2章　変分法と Galerkin 法 …… 9

§2.1　変分の汎関数と双1次形式 …… 9

§2.2　H_1-ノルムと許容関数 …… 10

§2.3　第 1 変 分 …… 12

§2.4　変分学の基本定理と Euler の方程式 …… 13

§2.5　正定値双1次形式 …… 14

§2.6　弱　形　式 …… 16

§2.7　点荷重のかかった問題 …… 17

§2.8　Galerkin 法 …… 19

§2.9　Ritz　法 …… 20

§2.10　非斉次な Dirichlet 境界条件 …… 21

§2.11　自然な境界条件 …… 22

第3章　1次元有限要素法の誤差解析 …… 25

§3.1　Hilbert 空間と Schwarz の不等式 …… 25

§3.2　双1次形式の有界性 …… 27
§3.3　エネルギー空間 …… 27
§3.4　エネルギー・ノルムによる最良近似 …… 28
§3.5　有限要素解と正射影 …… 29
§3.6　正射影の最良性 …… 31
§3.7　区分的1次多項式による補間 …… 31
§3.8　区分的1次補間多項式の誤差 …… 32
§3.9　微分方程式の解の2階微分の評価 …… 33
§3.10　連続な線形汎関数のノルムによる評価 …… 35
§3.11　有限要素解のエネルギー・ノルムによる誤差評価 …… 36
§3.12　有限要素解の平均2乗誤差とNitscheのトリック …… 37

第4章　2次元楕円型境界値問題 …… 40

§4.1　2次元境界値問題と弱形式 …… 40
§4.2　変分法に基づく定式化 …… 42
§4.3　楕円型の条件 …… 43
§4.4　領域の三角形分割と基底関数 …… 45
§4.5　2次元の基底関数と有限要素解 …… 46
§4.6　自然な境界条件と混合型境界条件 …… 48
§4.7　非斉次Dirichlet境界条件 …… 51
§4.8　ペナルティ法 …… 52
§4.9　解析的な非斉次Dirichlet境界条件 …… 55
§4.10　混合型境界条件をもつ例題 …… 55
§4.11　連立1次方程式の解法 …… 58

第5章　行列成分の計算と座標変換 …… 61

§5.1　要 素 行 列 …… 61
§5.2　領域全体での行列の構成 …… 62

§5.3　1次の形状関数 …… 63
§5.4　2次の形状関数 …… 65
§5.5　標準三角形への変換 …… 66
§5.6　重心座標系における積分の計算 …… 68
§5.7　要素行列の具体形と鋭角型分割 …… 69
§5.8　数値積分公式 …… 70
§5.9　アイソパラメトリック変換 …… 71
§5.10　1辺が曲線状の三角形の変換 …… 72

第6章　2次元有限要素法の誤差解析と変分法違反 …… 74

§6.1　三角形上の補間 …… 74
§6.2　補間の誤差評価 …… 74
§6.3　補間の微分の誤差評価 …… 77
§6.4　領域全体での補間の誤差評価 …… 77
§6.5　一様性の条件 …… 78
§6.6　有限要素解の誤差 …… 79
§6.7　数値積分公式とその誤差 …… 80
§6.8　変分法違反 …… 80
§6.9　摂動誤差の表示 …… 82
§6.10　$a(\hat{u}_n, \hat{v})$ を数値積分することによる誤差 …… 83
§6.11　$(f, \hat{v})$ を数値積分することによる誤差 …… 84

第7章　高階の微分を含む問題と非適合要素 …… 87

§7.1　4階微分方程式 …… 87
§7.2　2次の基底関数 …… 88
§7.3　非適合要素 …… 90
§7.4　摂動誤差 …… 92

§7.5　要素の境界から生ずる誤差の評価……93
§7.6　非適合要素により生ずる誤差……96
§7.7　混　合　法……97
§7.8　汎関数の停留性……99

第8章　1次元熱伝導方程式……100

§8.1　空間変数の離散化……100
§8.2　時間変数の離散化……102
§8.3　集中質量近似……103
§8.4　有限要素法と差分法との関係……105
§8.5　集中質量近似の誤差……106
§8.6　集中質量系の安定性と最大値原理……108
§8.7　整合質量系の最大値原理に基づく安定性……112
§8.8　行列の固有値と安定性……112
§8.9　集中質量系の固有値に基づく安定性条件……113
§8.10　整合質量系の固有値に基づく安定性条件……116

第9章　2次元熱伝導方程式……118

§9.1　2次元領域の分割と重心領域……118
§9.2　有限要素法の適用……119
§9.3　集中質量系における最大値原理と鋭角型分割……122
§9.4　安定性のための十分条件……124
§9.5　整合質量系における最大値原理……125

第10章　波動方程式……127

§10.1　有限要素法の定式化……127
§10.2　モード重ね合せ法……127
§10.3　Newmarkのβスキーム……128
§10.4　スキームの安定性……131

第11章　移流項をもつ問題 …………134

§11.1　移流項をもつ1次元拡散問題 …………134
§11.2　有限要素法の適用 …………135
§11.3　上流有限要素スキーム …………137
§11.4　移流項をもつ2次元の拡散方程式 …………138
§11.5　上流有限要素三角形 …………139
§11.6　2次元有限要素スキーム …………141
§11.7　スキームの安定性 …………142

第12章　自由境界問題 …………143

§12.1　Stefan 問題 …………143
§12.2　時間に依存する基底関数 …………144
§12.3　有限要素法の適用 …………145
§12.4　スキームの安定性 …………148

第13章　非線形問題と逐次近似法 …………151

§13.1　非線形問題と弱形式の方程式 …………151
§13.2　Navier-Stokes 方程式とその弱形式 …………153
§13.3　Navier-Stokes 方程式の有限要素解 …………155
§13.4　極小曲面問題 …………157
§13.5　多価の境界条件をもつ極小曲面問題 …………159

第14章　双対変分原理 …………164

§14.1　最小変分問題 …………164
§14.2　束縛条件の追加 …………166
§14.3　Lagrange 乗数法 …………168
§14.4　双対変分問題 …………170
§14.5　束縛条件をもつ双対変分問題 …………173
§14.6　接触変換 …………175

§14.7　$J[u]$ の最小値の上下界の評価 ……………………………177
§14.8　有限要素解の誤差の事後評価 ……………………………178
§14.9　双対変分原理の物理的意味 ………………………………180
§14.10　混　合　法 ……………………………………………………183

参考文献 ………………………………………………………………185
索　　引 ………………………………………………………………187

第1章　有限要素法の原理

§1.1　2点境界値問題

有限要素法の原理を説明するモデル問題として，1次元の区間$[0,1]$における次の2点境界値問題を取り上げよう．

$$\begin{cases} -\dfrac{d}{dx}\left(p\dfrac{du}{dx}\right)+qu=f(x), \quad 0<x<1 & (1.1.1) \\ u(0)=u(1)=0 & (1.1.2) \end{cases}$$

pとqは正の定数，$f(x)$は与えられた関数とする．両端点における解uの値が0に指定されている(1.1.2)の条件は，よく知られているように斉次のDirichlet型の境界条件である．

この微分方程式は定数係数の線形非斉次方程式であるから，解析的に閉じた形の解を求めることは容易である．しかし，ここでは有限要素法の基本的な考え方を理解するために，N項の和から成る次のようなFourier展開型の近似解を考察しよう．

$$u_N(x)=\sum_{j=1}^{N}a_j\sin j\pi x \tag{1.1.3}$$

境界条件(1.1.2)が満たされるように，一般のFourier展開に現れる$\cos j\pi x$の項ははじめから捨ててある．未定係数a_jを求めるための標準的手法に従って，(1.1.3)のu_Nを(1.1.1)のuに代入し，両辺に$\sin k\pi x$を乗じて$(0,1)$で積分すると，次式を得る．

$$\sum_{j=1}^{N}a_jp(j\pi)^2\int_0^1\sin k\pi x\sin j\pi xdx+\sum_{j=1}^{N}a_jq\int_0^1\sin k\pi x\sin j\pi xdx$$
$$=\int_0^1 f(x)\sin k\pi xdx \tag{1.1.4}$$

ここで，区間$(0,1)$において関数系$\{\sin j\pi x\}$に直交関係

$$\int_0^1 \sin k\pi x \sin j\pi x dx = \begin{cases} \dfrac{1}{2} \ ; & k = j \\ 0 \ ; & k \neq j \end{cases} \tag{1.1.5}$$

が成り立つことに注意すれば,

$$a_k = \frac{2}{(k\pi)^2 p + q} \int_0^1 f(x) \sin k\pi x dx \tag{1.1.6}$$

が導かれる．したがって，これを(1.1.3)に代入すれば，問題(1.1.1),(1.1.2)に対する一つの近似解が求められたことになる．

§1.2　一般 Fourier 展開型の解

この手順を一般化すれば次のようになる．区間[0,1]における1次独立な関数系

$$\varphi_j(x), \qquad j = 1, 2, \cdots, N \tag{1.2.1}$$

を用意し，境界値問題(1.1.1),(1.1.2)に対する近似解を

$$u_N(x) = \sum_{j=1}^{N} a_j \varphi_j(x) \tag{1.2.2}$$

なる$\{\varphi_j\}$の1次結合の形に置く．ただし，$\varphi_j(x)$はすべて

$$\varphi_j(0) = \varphi_j(1) = 0 \tag{1.2.3}$$

を満たしているものとする．$\varphi_j(x)$をこのようにとると，$u_N(x)$は(1.1.2)に対応する境界条件

$$u_N(0) = u_N(1) = 0 \tag{1.2.4}$$

をあらかじめ満たしていることになる．$u_N(x)$を(1.1.1)のuに代入し，両辺に$\varphi_k(x)$を乗じて区間(0,1)で積分すれば，次のようになる．

$$\begin{aligned} -\sum_{j=1}^{N} a_j p \int_0^1 \varphi_k(x) \frac{d^2\varphi_j(x)}{dx^2} dx + \sum_{j=1}^{N} a_j q \int_0^1 \varphi_k(x) \varphi_j(x) dx \\ = \int_0^1 f(x) \varphi_k(x) dx \end{aligned} \tag{1.2.5}$$

ここで，左辺第1項を部分積分し，境界条件(1.2.3)を考慮に入れれば

$$\sum_{j=1}^{N} a_j \left\{ p \int_0^1 \frac{d\varphi_k}{dx} \frac{d\varphi_j}{dx} dx + q \int_0^1 \varphi_k \varphi_j dx \right\}$$

$$= \int_0^1 f(x)\varphi_k(x)dx, \qquad k = 1, 2, \cdots, N \tag{1.2.6}$$

が導かれる．

すでに述べた関数系

$$\varphi_j(x) = \sin j\pi x, \qquad j = 1, 2, \cdots, N \tag{1.2.7}$$

は，区間(0, 1)で(1.1.5)の意味での直交性を満たしているが，さらに

$$\frac{d\varphi_j(x)}{dx} = j\pi \cos j\pi x, \qquad j = 1, 2, \cdots, N \tag{1.2.8}$$

もまた同じ形の直交性を満たしている．そのために，(1.2.6)の左辺の和のうち $j=k$ の項のみが残り，未定係数 $\{a_j\}$ は単なる割り算によって求められたのであった．しかし，一般の関数系 $\{\varphi_j(x)\}$ の場合には，たとえ $\{\varphi_j(x)\}$ が直交性をもっていたとしても $\{d\varphi_j/dx\}$ は一般には直交性は満たさないであろうし，また p と q が定数でなく x の関数の場合には，$\{\varphi_j(x)\}$ 自体の直交性さえ具体的な計算という立場からは何の利点にもなり得ない．

関数系 $\{\varphi_j(x)\}$ を基本にして得られた(1.2.6)は，$\{a_j\}$ に関する N 元連立1次方程式である．この連立1次方程式が解をもつ場合には，これを解くことによって a_j, $j=1, 2, \cdots, N$ が定まり，近似解が求められる．ここで用いた1次独立な関数系を**基底関数**という．そして，上のような方法に基づいて広い意味での一般Fourier展開型の解を求める方法を**Galerkin法**という．基底関数として伝統的に使われてきたのは，三角関数，単純な単項式，あるいは直交多項式などであった．

§1.3　区分的1次の基底関数

それに対して，図1.1に示すような屋根型の関数 $\hat{\varphi}_k(x)$ を基底関数にとることを考えてみよう．これは，区間[0, 1]をきざみ幅

$$h = \frac{1}{n} \tag{1.3.1}$$

で n 等分して，各等分点

$$x_k = kh, \qquad k = 0, 1, 2, \cdots, n \tag{1.3.2}$$

を**節点**にとり，各々の節点で区切られる小区間ごとに次のように定義した関数

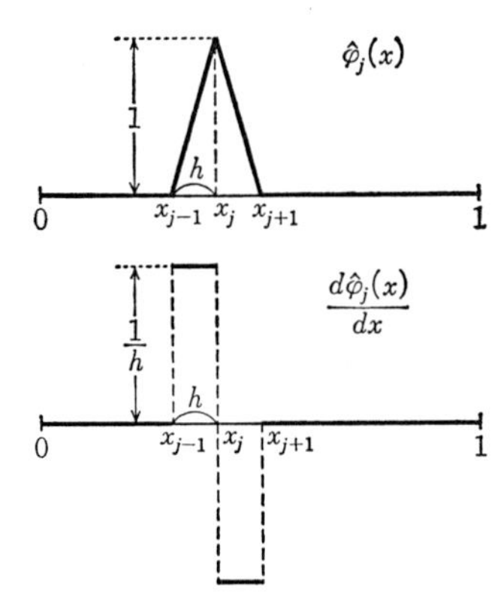

図 1.1　区分的1次の基底関数とその微分

である．

$$\hat{\varphi}_k(x) = \begin{cases} 0 & ; \quad 0 \le x < x_{k-1} \\ \dfrac{x - x_{k-1}}{h} & ; \quad x_{k-1} \le x < x_k \\ \dfrac{x_{k+1} - x}{h} & ; \quad x_k \le x < x_{k+1} \\ 0 & ; \quad x_{k+1} \le x \le 1 \end{cases} \tag{1.3.3}$$

$\hat{\varphi}_0$ および $\hat{\varphi}_n$ はそれぞれ(1.3.3)の右半分および左半分をとるものとする．このような基底関数を，**区分的1次**の基底関数と呼ぶ．各々の関数が0でない値をもつ領域がごく狭い範囲に限られていることが，この基底関数のもつ著しい特徴である．その意味で，このような基底関数を**局所基底**(local basis)と呼ぶことがある．そしてこの局所基底であることが，後述するように実際の計算の上できわめて都合の良い結果をもたらすのである．

基底関数(1.3.3)の微分(図1.1)は次のようになる．

$$\frac{d\hat{\varphi}_k}{dx} = \begin{cases} 0 & ; \quad 0 \le x < x_{k-1} \\ \dfrac{1}{h} & ; \quad x_{k-1} \le x < x_k \\ -\dfrac{1}{h} & ; \quad x_k \le x < x_{k+1} \\ 0 & ; \quad x_{k+1} \le x \le 1 \end{cases} \tag{1.3.4}$$

§1.4　近似方程式の構成

問題(1.1.1), (1.1.2)の近似解を $\{\hat{\varphi}_j\}$ を使って次のように表現してみよう．

$$\hat{u}_n(x) = \sum_{j=1}^{n-1} a_j \hat{\varphi}_j(x) \tag{1.4.1}$$

境界条件(1.1.2)を考慮に入れて，あらかじめ和から $j=0$ の項および $j=n$ の項を除外してある．この式で与えられる関数が，図1.2のような折れ線グラフの形をしていることは明らかであろう．この形をもつ関数を**区分的1次多項式**という．上の展開(1.4.1)では，節点 $x=x_j$ において

$$\hat{u}_n(x_j) = a_j \tag{1.4.2}$$

が成り立つ．つまり，展開係数 a_j がちょうど節点における $\hat{u}_n(x)$ の値自体に一致していて都合が良い．

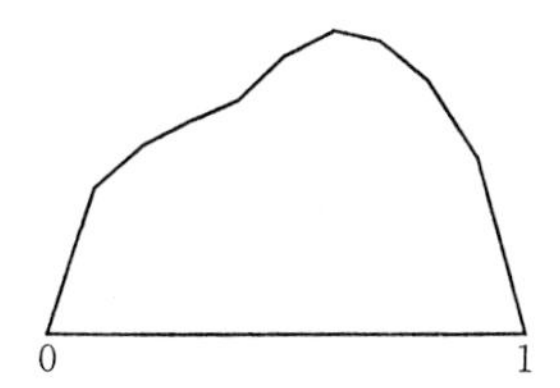

図1.2　区分的1次多項式 $\hat{u}_n(x)$

この近似関数を使って前節と同じ手順を適用するには一つの問題がある．つまり，$\hat{u}_n(x)$ が1回は微分できるが，2回は微分できない点である．$\hat{u}_n(x)$ の1階微分は(1.3.4)からわかるように不連続関数になり，さらにこれを微分しようとすると $\hat{\varphi}_j(x)$ の2回微分から各節点に対応するDiracの δ 関数が現れ，もはや(1.1.1)は満たされなくなる．

そこで，この問題を避けるために(1.1.1)の代りに次の形の方程式を採用する．

$$\int_0^1 \left(p\frac{d\hat{u}_n}{dx}\frac{d\hat{\varphi}_j}{dx} + q\hat{u}_n\hat{\varphi}_j \right) dx = \int_0^1 f\hat{\varphi}_j dx, \qquad j=1,2,\cdots,n-1 \tag{1.4.3}$$

つまり，(1.1.1)に $\hat{\varphi}_j$ を乗じて積分を行った(1.2.6)を出発点にとるのである．

上の方程式の左辺に(1.4.1)を代入したときに和の各項に現れる積分を，(1.3.3)あるいは(1.3.4)を使って実行すると，次のようになる．

$$\int_0^1 \hat{\varphi}_k(x)\hat{\varphi}_j(x)dx = \begin{cases} 0 & ; \quad j < k-1 \\ \dfrac{1}{6}h & ; \quad j = k-1 \\ \dfrac{2}{3}h & ; \quad j = k \\ \dfrac{1}{6}h & ; \quad j = k+1 \\ 0 & ; \quad j > k+1 \end{cases} \tag{1.4.4}$$

$$\int_0^1 \frac{d\hat{\varphi}_k}{dx}\frac{d\hat{\varphi}_j}{dx}dx = \begin{cases} 0 & ; \quad j < k-1 \\ -\dfrac{1}{h} & ; \quad j = k-1 \\ \dfrac{2}{h} & ; \quad j = k \\ -\dfrac{1}{h} & ; \quad j = k+1 \\ 0 & ; \quad j > k+1 \end{cases} \tag{1.4.5}$$

これらを(1.2.6)に代入すれば，$\{a_j\}$に関する次のような$n-1$元連立1次方程式が導かれる．

$$(K+M)\boldsymbol{a} = \boldsymbol{f} \tag{1.4.6}$$

ただし，$\boldsymbol{a}$はa_jを第j成分とするベクトル

$$\boldsymbol{a} = \begin{pmatrix} a_1 \\ a_2 \\ \vdots \\ a_{n-1} \end{pmatrix} \tag{1.4.7}$$

$\boldsymbol{f}$は

$$f_j = \int_0^1 f(x)\hat{\varphi}_j(x)dx \tag{1.4.8}$$

を第j成分とするベクトル

$$\boldsymbol{f} = \begin{pmatrix} f_1 \\ f_2 \\ \vdots \\ f_{n-1} \end{pmatrix} \tag{1.4.9}$$

である．また，K および M はそれぞれ次のような形をもつ $(n-1)\times(n-1)$ 行列である．

$$K=\frac{p}{h}\begin{pmatrix} 2 & -1 & & & & \\ -1 & 2 & -1 & & 0 & \\ & -1 & 2 & \ddots & & \\ & & \ddots & \ddots & \ddots & \\ & 0 & & \ddots & 2 & -1 \\ & & & & -1 & 2 \end{pmatrix} \tag{1.4.10}$$

$$M=\frac{qh}{6}\begin{pmatrix} 4 & 1 & & & & \\ 1 & 4 & 1 & & 0 & \\ & 1 & 4 & \ddots & & \\ & & \ddots & \ddots & \ddots & \\ & 0 & & \ddots & 4 & 1 \\ & & & & 1 & 4 \end{pmatrix} \tag{1.4.11}$$

構造解析における物理的意味付けから，伝統的に K を**剛性行列**(stiffness matrix)，M を**質量行列**(mass matrix)と呼ぶ．

§1.5　行列の性質と有限要素解

これらの行列の特徴は，それが**3重対角**(tridiagonal)である点である．3重対角行列とは，対角成分のすぐ上とすぐ下にのみ非零成分をもち，それ以外の成分はすべて0である行列のことである．関数系自身およびその微分が共に直交系であった三角関数を用いた最初の例では，K も M も共に対角行列であった．それに対し，ここで使った関数系(1.3.3)の場合には，完全に対角行列ではないが，**ほとんど対角形に近い**，3重対角行列になったのである．その原因が，関数系(1.3.3)の各関数が0でない値をもつ領域が狭い範囲に限られているところにあることは明らかであろう．一般に，0でない値をもつ領域が狭い範囲に限られている関数系を基底関数にとると，得られる連立1次方程式の係数行列は，完全には対角形にはならないが，その非零成分は対角線近くに集中することになる．このことが，後に見るように数値計算の効率向上および記憶場所の節約に大きくつながるのである．

1次連立方程式(1.4.6)の係数行列 K および M は**対称**である．さらに，K およびMはいまの場合**正定値**である．なぜならば，われわれはpおよびqは正と仮定しているから，$\boldsymbol{b}\neq\boldsymbol{0}$を満たす任意のベクトルを

$$\boldsymbol{b}=\begin{pmatrix} b_1 \\ b_2 \\ \vdots \\ b_{n-1} \end{pmatrix} \tag{1.5.1}$$

とするとき，

$$\boldsymbol{b}^T K\boldsymbol{b}=\int_0^1 p\left(\sum_{j=1}^{n-1} b_j\frac{d\hat{\varphi}_j}{dx}\right)^2 dx>0 \tag{1.5.2}$$

が成り立つからである．$\boldsymbol{b}^T$は$\boldsymbol{b}$の転置ベクトルである．Mについても同様である．pあるいはqがxの関数であっても，$p(x)>0$および$q(x)>0$であればKとMは正定値になる．KとMが正定値であれば$K+M$も正定値になり，(1.4.6)を解くことができる．その解$\{a_j\}$を(1.4.1)に代入すれば，一つの近似解$\hat{u}_n(x)$が得られる．この解が，本書の主題である**有限要素解**である．これが数学的にどのような意味で真の解uの近似になっているかは後に第3章で明らかになるであろう．

以上述べてきた問題は1次元のごく単純な例であるが，2次元あるいは3次元の問題の場合にも同様の考え方に基づいて近似解を求めることができる．たとえば2次元の場合には，領域を小さな三角形に分割し，隣接する比較的少数の三角形においてのみ非零の値をもつ基底関数をとる．そしてその1次結合によって近似解を構成し，Galerkin法を適用すればよい．

このように，全領域を三角形などの(無限小でなく)有限の大きさをもつ小領域に分割して各三角形の頂点のまわりのごく狭い範囲でのみ0でない値をもつ基底関数を構成し，与えられた問題の解をGalerkin法によって区分的多項式の形に求める方法を総称して**有限要素法**(finite element method，略してFEM)という．

有限要素法では，(1.4.6)に見るように一般には大次元の連立1次方程式を解くことが不可欠になる．したがって，高速大容量の電子計算機が出現してはじめて，有限要素法は実用的方法になり得たのである．

第2章　変分法とGalerkin法

§2.1　変分の汎関数と双1次形式

有限要素法とは，0でない値をもつ領域が狭い範囲に限られている基底関数を基本にとったGalerkin法であることを見たが，多くの場合，変分原理を通して有限要素法を定式化することも可能である．ここでは，境界条件

$$u(0)=u(1)=0 \tag{2.1.1}$$

の下で，**汎関数**

$$J[u]=\frac{1}{2}\int_0^1(pu'^2+qu^2-2fu)dx \tag{2.1.2}$$

を最小にする問題を例にとって，変分原理の立場から有限要素法の定式化を行ってみよう．ただし，p, qおよびfは与えられたxの関数で，pおよびqは次の条件を満足しているものと仮定する．

$$\begin{cases} p_M \geq p(x) \geq p_m > 0 & (2.1.3) \\ q_M \geq q(x) \geq q_m \geq 0 & (2.1.4) \end{cases}$$

汎関数$J[u]$の最小化によって前章と同じ結果を導くことが本章の主な目的であるが，それを行う前に，有限要素法を数学的により厳密に定式化するために便利な記号を導入しておこう．まず，$J[u]$の中の微分の主要項，すなわち(2.1.2)の右辺のはじめの2項に対応して

$$a(u,v)=\int_0^1(pu'v'+quv)dx \tag{2.1.5}$$

なる**双1次形式**を定義する．u'とv'はそれぞれuとvの微分を表す．双1次形式$a(u,v)$は，その定義から一般にα,βを定数とするとき

$$\begin{cases} a(\alpha u+\beta w, v)=\alpha a(u,v)+\beta a(w,v) & (2.1.6) \\ a(u, \alpha v+\beta w)=\alpha a(u,v)+\beta a(u,w) & (2.1.7) \end{cases}$$

を満足することはいうまでもない．上で定義した$a(u,v)$は明らかに**対称**である．つまり，

$$a(u, v) = a(v, u) \tag{2.1.8}$$

が成り立つ．次に，(2.1.2)の右辺の最後の積分に対応して次の記号を導入する．

$$(f, u) = \int_0^1 fudx \tag{2.1.9}$$

このとき，(2.1.2)は次のように書くことができる．

$$J[u] = \frac{1}{2}a(u, u) - (f, u) \tag{2.1.10}$$

§2.2　H_1-ノルムと許容関数

$J[u]$ の最小化が意味をもつためには，そもそも(2.1.2)の右辺が定義できなければならない．すなわち，u は少なくとも1回微分可能で，しかもその2乗は積分可能でなければならない．そこで，以下区間を $[0,1]$ に固定して，**ノルム**

$$\|u\|_1 = \left[\int_0^1 (u^2 + u'^2)dx\right]^{1/2} \tag{2.2.1}$$

が有界になるような関数 u を対象にすることにしよう．

一般に，関数のノルム $\|u\|$ は次の3条件を満足するものでなければならない．

(i)　$\|u\| \geq 0$，ただし等号は $u \equiv 0$ のときに限り成り立つ．　(2.2.2)

(ii)　α を実数とするとき　$\|\alpha u\| = |\alpha|\,\|u\|$　(2.2.3)

(iii)　$\|u+v\| \leq \|u\| + \|v\|$　(2.2.4)

ノルム(2.2.1)が(i)と(ii)の条件を満たすことは明らかであるが，これが(iii)の条件を満たすことは後に§3.2で示される．

ノルムの定義(2.2.1)には u' と共に u が含まれている．その理由は，もし u を含まない

$$\|u\| = \left[\int_0^1 u'^2 dx\right]^{1/2} \tag{2.2.5}$$

の形で定義したとすると，$u'=0$ つまり $u=$定数関数のときにも $\|u\|=0$ となり，ノルムの条件(i)が満たされなくなるからである．ただし，はじめから u を $u(0)=0$ あるいは $u(1)=0$ を満たす関数に制限しておくならば，(2.2.5)もノルムになり得る．ノルムの条件(ii)および(iii)は満たすが，$u \neq 0$ のときでも $\|u\|$

$=0$ となり得るという点で(i)を満たさない(2.2.5)のような量は，**セミノルム**と呼ばれる．後に§7.4でセミノルムを使った誤差解析を行う．

さて，ノルムに引き続いて，対応する**関数空間**を導入しよう．空間のもつ自然な性質として，ある関数空間に属す二つの元 u と v の和 $u+v$ もまたその関数空間に属し，一つの元 u の定数倍 cu もまたその関数空間に属していなければならない．

われわれが主として考察の対象とする関数空間は，1階微分が2乗積分可能な関数の成す空間，たとえば(2.2.1)によってノルムが定義されている関数空間である．これを $H_1([0,1])$，あるいは略して H_1 と書き，そのノルムを **H_1-ノルム**と呼ぶ．添字1は1階微分可能を意味する．一般に多変数関数の場合も含めて，ある定まった階数 m までの微分を含む(2.2.1)と同様な形のノルムが定義されている関数空間を **Sobolev 空間**と呼び，H_m と書く．そのノルムを **Sobolev ノルム**という．上で定義した H_1 は，最も簡単なSobolev空間の一例である．また，1変数の場合には，

$$\|u\|_m = \left[\int_0^1 (u^2+u'^2+\cdots+u^{(m)2})dx\right]^{1/2} \tag{2.2.6}$$

なるノルムの定義されている空間が H_m である．

関数空間 H_1 に属す関数のうち

$$u(0) = u(1) = 0 \tag{2.2.7}$$

を満たすものの成す H_1 の部分空間を $\mathring{H}_1$ と書くことにしよう．すると，条件(2.1.1)の下で汎関数(2.1.10)を最小にする変分問題にこの $\mathring{H}_1$ の元を使用することが許される．つまり，われわれの変分問題の**許容関数**は $\mathring{H}_1$ の元である，ということができる．

境界条件が(2.2.7)のように斉次でなく，たとえば

$$u(0) = u_0 \neq 0 \tag{2.2.8}$$

で与えられている場合，この条件を満たす H_1 の関数の全体から成る集合は H_1 の部分空間を成さない．このような関数の和 $u+v$ の境界値は $2u_0$ となり，もとの境界条件はもはや満たしていないからである．部分空間と呼ぶからには，それ自身やはり空間としての性質を備えていなければならないのである．

§2.3 第1変分

$J[u]$ の最小化を実行しよう．汎関数(2.1.10)に停留値をとらせる関数を u, ε を任意の実数，η を $\mathring{H}_1$ に属す任意の関数として

$$u_\varepsilon = u+\varepsilon\eta = u+\delta u \tag{2.3.1}$$

と置く．

$$\delta u = \varepsilon\eta(x) \tag{2.3.2}$$

を関数 u の**変分**という．u_ε は明らかに許容関数である．一般に，汎関数 $J[u]$ を停留にするためのパラメータを含む u_ε のような関数を**試験関数**と呼ぶ．なお，境界において0以外の値が指定されている非斉次 Dirichlet 境界条件の場合，すなわち u_0 あるいは u_1 のいずれか一方は0でないとして

$$u(0) = u_0, \qquad u(1) = u_1 \tag{2.3.3}$$

の場合にも，以下の議論はそのまま成り立つことを注意しておこう．この場合でも(2.3.1)の右辺の u がすでに(2.3.3)を満たしているから，η としてはやはり $\mathring{H}_1$ の元をとらなければならないのである．

試験関数 u_ε を(2.1.10)の u に代入すると，$a(u, v)$ が双1次形式であり，かつ対称であることから

$$\begin{aligned} J[u_\varepsilon] &= \frac{1}{2}a(u+\varepsilon\eta, u+\varepsilon\eta)-(f, u+\varepsilon\eta) \\ &= \frac{1}{2}a(u, u)-(f, u)+\varepsilon\{a(u, \eta)-(f, \eta)\}+\frac{1}{2}\varepsilon^2 a(\eta, \eta) \\ &= J[u]+\varepsilon\{a(u, \eta)-(f, \eta)\}+\frac{1}{2}\varepsilon^2 a(\eta, \eta) \end{aligned} \tag{2.3.4}$$

を得る．$J[u_\varepsilon]$ を ε の関数と考え，

$$\Phi(\varepsilon) = J[u_\varepsilon] \tag{2.3.5}$$

と書くと，u が $J[u]$ を停留にするという条件から，$\Phi(\varepsilon)$ は $\varepsilon=0$ のとき停留値をとるはずである．つまり，

$$\Phi'(0) = 0 \tag{2.3.6}$$

とならなければならない．したがって，

$$\frac{\partial}{\partial\varepsilon}J[u_\varepsilon]\bigg|_{\varepsilon=0} = 0 \tag{2.3.7}$$

すなわち，

$$a(u, \eta)-(f, \eta) = 0, \qquad {}^{\forall}\eta \in \mathring{H}_1 \tag{2.3.8}$$

が成り立つ．具体的に書けば

$$\int_0^1 (pu'\eta' + qu\eta - f\eta)dx = 0, \qquad {}^{\forall}\eta \in \mathring{H}_1 \tag{2.3.9}$$

である．「$\mathring{H}_1$ に属す任意の η に対して」ということを簡潔に記すために，数学の慣習に従って以下上のように

$$ {}^{\forall}\eta \in \mathring{H}_1 \tag{2.3.10}$$

と書くことにする．

一般に，$J[u_\varepsilon]$ のうち ε を1次の形で含む項に対応する式

$$\delta J[u] \equiv \varepsilon\Phi'(0) \tag{2.3.11}$$

を $J[u]$ の**第1変分**と呼ぶ．また，ε^2 を含む項に対応する式を**第2変分**と呼ぶ．上に述べたことからわかるように，$J[u]$ が停留値をとるための必要条件は第1変分が0になることである．

積分(2.3.9)に部分積分を適用して，$\eta \in \mathring{H}_1$ なること，つまり $\eta(0)=\eta(1)=0$ を考慮すれば，

$$\int_0^1 \{-(pu')' + qu - f\}\eta dx = 0, \qquad {}^{\forall}\eta \in \mathring{H}_1 \tag{2.3.12}$$

が導かれる．

§2.4　変分学の基本定理と Euler の方程式

ところで，$g(x)$ を区間 $[a, b]$ におけるある連続関数とするとき，境界条件

$$\zeta(a) = \zeta(b) = 0 \tag{2.4.1}$$

を満足する任意の関数 $\zeta(x)$ に対してつねに

$$\int_a^b g(x)\zeta(x)dx = 0 \tag{2.4.2}$$

が成り立っているならば，実は

$$g(x) \equiv 0 \tag{2.4.3}$$

である．なぜならば，もし区間 $[a, b]$ の内部のある点 x_0 で $g(x_0)>0$ であるとすると，連続性から x_0 のある近傍で $g(x)>0$ となっているはずであるが，こ

の近傍では正でその外側では0である関数を$\zeta(x)$に選ぶと, (2.4.2)の左辺が正となって矛盾を生ずるからである. $g(x)$がある点で負であると仮定しても同様の矛盾が導かれる. 以上の議論は2次元以上の場合にも一般化できることは明らかであろう. 条件(2.4.1)を満たす任意の関数$\zeta(x)$に対して(2.4.2)が成り立つことから(2.4.3)を結論する定理を, **変分学の基本定理**という.

再び(2.3.12)へ戻ろう. いま, pとqおよびfが適当な連続性を満たしていて, $-(pu')'+qu-f$が全体として連続になると仮定することができるならば, 上述の変分学の基本定理によって

$$-(pu')'+qu-f=0 \tag{2.4.4}$$

が結論される. これを汎関数(2.1.2)に対応する **Euler の方程式**という.

この Euler の方程式と(1.1.1)とを比較すると, 後者でpおよびqが定数であることを除けば両者は全く一致することがわかる. こうして, p, qおよびfが適当な連続性の条件を満たしていれば, (2.1.2)の$J[u]$を停留にすることによって方程式(1.1.1)が導かれることが示された.

§2.5　正定値双1次形式

等式(2.3.9)はuに関する一種の方程式である. この方程式が有限要素法の基礎方程式となるのであるが, それについては後に述べよう. 汎関数$J[u]$が, この方程式の解uによって停留値をとるだけでなく, 実際に最小値をとるためには, (2.3.4)の第2変分のε^2の係数$a(\eta,\eta)$が正になっていなければならない. これを数学的に厳密に記述するために, ここで双1次形式$a(u,v)$の正定値性という概念を導入しよう. そのために, まず一つの重要な不等式を導入しておく.

後の都合を考慮して, ここでは積分区間を一般化して(0,1)の代りに(α,β)とする. 区間(α,β)において関数uはH_1に属し, かつ

$$u(\alpha)=u(\beta)=0 \tag{2.5.1}$$

を満足しているものとする. つまり, $u\in\mathring{H}_1$とする.

uは両端で0であるから, これを Fourier sine 級数で展開することができる.

$$u(x)=\sum_{n=1}^{\infty}b_n\sin\frac{n\pi(x-\alpha)}{l},\qquad l=\beta-\alpha \tag{2.5.2}$$

このとき, 次式が成り立つことを確かめることは容易である.

$$\int_\alpha^\beta u^2 dx = \frac{l}{2}\sum_{n=1}^{\infty} b_n{}^2 \tag{2.5.3}$$

$$\int_\alpha^\beta u'^2 dx = \frac{l}{2}\sum_{n=1}^{\infty} \left(\frac{n\pi}{l}\right)^2 b_n{}^2 \tag{2.5.4}$$

一方，$n \geq 1$ のとき，

$$b_n{}^2 \leq \frac{l^2}{\pi^2}\left(\frac{n\pi}{l}\right)^2 b_n{}^2 \tag{2.5.5}$$

が成り立つことに注意すれば，(2.5.3)および(2.5.4)より次の不等式を得る．

$$\int_\alpha^\beta u^2 dx \leq \frac{l^2}{\pi^2}\int_\alpha^\beta u'^2 dx \tag{2.5.6}$$

等号が成り立つのは，$u(x)=\sin \pi(x-\alpha)/l$ のときである．

さらに，後の都合上，ここで

$$\int_\alpha^\beta u''^2 dx < +\infty \tag{2.5.7}$$

を仮定すると，(2.5.2)より

$$\int_\alpha^\beta u''^2 dx = \frac{l}{2}\sum_{n=1}^{\infty} \left(\frac{n\pi}{l}\right)^4 b_n{}^2 \tag{2.5.8}$$

が成り立つことから，上と同様にして

$$\int_\alpha^\beta u'^2 dx \leq \frac{l^2}{\pi^2}\int_\alpha^\beta u''^2 dx \tag{2.5.9}$$

が得られ，これと(2.5.6)から次式が導かれる．

$$\int_\alpha^\beta u^2 dx \leq \frac{l^4}{\pi^4}\int_\alpha^\beta u''^2 dx \tag{2.5.10}$$

等号はやはり $u(x)=\sin \pi(x-\alpha)/l$ のとき成り立つ．この不等式は§3.8で使う．

さて，(2.1.5)の双1次形式 $a(u, v)$ に戻ろう．この式で $v=u$ と置くと，(2.1.3)および(2.1.4)より

$$\begin{aligned} a(u, u) &\geq p_m \int_0^1 u'^2 dx + q_m \int_0^1 u^2 dx \\ &\geq p_m \int_0^1 u'^2 dx = \frac{p_m}{1+\pi^{-2}}\int_0^1 (1+\pi^{-2}) u'^2 dx \end{aligned} \tag{2.5.11}$$

が成り立つ．やや技巧的ではあるが，ここで(2.5.6)で$\alpha=0$, $\beta=1$, $l=1$と置いたものを使うと，

$$a(u,u) \geq \frac{p_m}{1+\pi^{-2}}\int_0^1 (u'^2+u^2)dx$$

$$= \frac{p_m}{1+\pi^{-2}}\|u\|_1{}^2, \qquad \forall u \in \mathring{H}_1 \tag{2.5.12}$$

が導かれる．$\mathring{H}_1$に属しているuについて成り立つとしたのは，(2.5.6)が(2.5.1)を前提として導かれているからである．

一般に，ある関数空間Hの元に対して定義される双1次形式$a(u,v)$に対して

$$a(v,v) \geq \gamma\|v\|^2, \qquad \forall v \in H \tag{2.5.13}$$

を満たす正数γが存在するとき，$a(u,v)$は**正定値，強圧的**(coersive)あるいは**楕円型**であるという．関数空間を明確にする必要がある場合には，H-楕円型と書く．$\|v\|$はHにおけるノルムを表す．この条件を楕円型と呼んだのは，2次元以上のいわゆる楕円型境界値問題の最高階の微分項がこの条件を満足するからである．

上に(2.5.12)で見たように，(2.1.5)で定義されるわれわれの双1次形式は$\mathring{H}_1$-楕円型である．したがって，$\mathring{H}_1$に属す恒等的には0でない関数ηに対して$a(\eta,\eta)>0$となり，(2.3.4)の第2変分が正となって，$J[u_\varepsilon]$が$\varepsilon=0$において確かに最小値をとることがわかる．

条件(2.1.4)は，等号すなわち$q(x)\equiv 0$の場合も許しているが，その場合にも任意の$\eta\neq 0$に対して$a(\eta,\eta)>0$が成り立つことに注意しよう．ただし，これはηが$\mathring{H}_1$に属しているから成り立つのであって，たとえば単に$\eta\in H_1$という条件のときには，$\eta=$定数$\neq 0$をとれば$a(\eta,\eta)=0$にもなり得るのである．

§2.6　弱　形　式

すでに見たように，p, qおよびfがしかるべき連続性を満たす関数であれば，条件(2.1.1)の下で汎関数(2.1.10)を最小にする問題と，前章の(1.1.1)と(1.1.2)で与えられる問題とは等しい．しかし，p, q, fに関する連続性の条件を外すと，一般には両者は等しくなくなる．等しいのは，上記の最小問題と，

(2.3.9)である．

方程式(2.3.9)を，(1.1.1)，(1.1.2)に対応する**弱形式**(weak form)あるいは**変分方程式**と呼ぶ．すぐ後に見るように，この弱形式の方程式が有限要素法の基本方程式にとられるのである．なお，この弱形式は，もとの微分方程式に対応する**仮想仕事の原理**と呼ばれることがある．

方程式(2.4.4)が(2.1.1)の下で成り立てば(2.3.9)は成り立つが，逆に(2.3.9)からは上に見たように(2.4.4)は一般には導かれない．したがって，(2.3.9)の方がより広い問題を扱っていることになる．つまり，(2.3.9)の解であっても，初等的な定義に従った2回微分ができないという意味で(2.4.4)を満たさないものもあり得るわけである．その意味で，(2.3.9)の解を**弱解**(weak solution)あるいは**広義の解**と呼ぶ．

§2.7 点荷重のかかった問題

例として，方程式(2.4.4)の f が $x=1/2$ のところにかかった単位点荷重であるような問題を考えよう．ここでは $p=1$，$q=4$ であるとする．物理学の習慣に従って，点荷重を Dirac の **δ 関数**によって表しておくと，方程式および境界条件は

$$\begin{cases} -\dfrac{d^2u}{dx^2}+4u = -\delta\left(x-\dfrac{1}{2}\right) & (2.7.1) \\ u(0) = u(1) = 0 & (2.7.2) \end{cases}$$

となる．

点 $x=\xi$ に点荷重がかかっていることに対応する Dirac の δ 関数 $\delta(x-\xi)=\delta_\xi$ は，$x=\xi$ の近傍を除いては恒等的に 0 である十分なめらかな任意の関数 $\varphi(x)$ に対して

$$\int \delta(x-\xi)\varphi(x)dx = \varphi(\xi) \tag{2.7.3}$$

なる**連続な線形汎関数**として定義される．つまり δ 関数は，0 でない値をもつ領域が有界である十分なめらかな関数の集合の各関数に対して点 ξ におけるその関数の値自体を対応させる連続な線形汎関数である．このことに注意した上で，$\varphi(0)=\varphi(1)=0$ を満たす 1 階微分可能な任意の関数 $\varphi(x)$ を(2.7.1)の両辺に

乗じて積分すれば，結局(2.7.1), (2.7.2)の問題は，数学的には，このような任意の関数$\varphi(x)$に対して

$$\begin{cases} \displaystyle\int_0^1 \left(\frac{du}{dx}\frac{d\varphi}{dx}+4u\varphi\right)dx = -\varphi\left(\frac{1}{2}\right) & (2.7.4) \\ u(0)=u(1)=0 & (2.7.5) \end{cases}$$

を満たすuを求める問題である，と解釈することができることになる．方程式(2.7.4), (2.7.5)の解が次の形で与えられることは容易に確かめられる(図2.1).

$$u(x)=\begin{cases} -\dfrac{1}{4\cosh 1}\sinh 2x \quad ; \quad 0 \leq x \leq \dfrac{1}{2} \\ -\dfrac{1}{4\cosh 1}\sinh 2(1-x) \ ; \quad \dfrac{1}{2} < x \leq 1 \end{cases} \qquad (2.7.6)$$

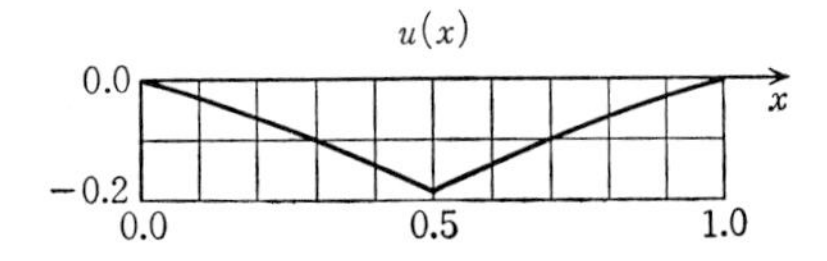

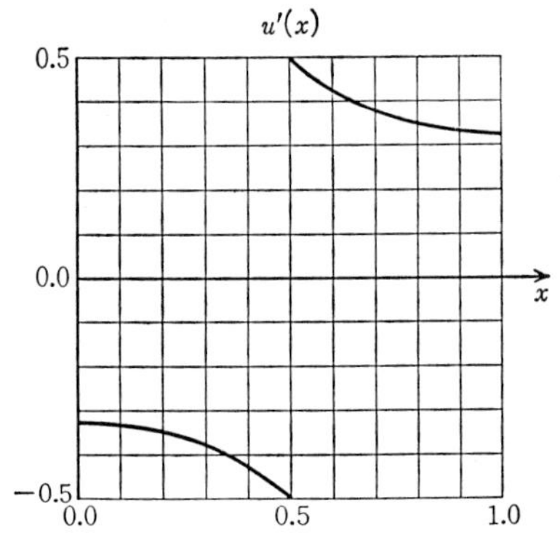

図2.1　中央に点荷重がかかった問題の解$u(x)$とその微分$u'(x)$

逆に，この解$u(x)$の方から考えてゆくと，これを(2.7.1)の左辺に代入するときその1階微分は$x=1/2$で不連続になる(図2.1)ため，$u(x)$は$x=1/2$では初等的な意味での2階微分をもたない．当然のことであるが，2階の微分方程式を扱っている場合には，解$u(x)$の微分可能性よりも右辺に現れる関数$f(x)$の微分可能性の方が2階分だけ低くなる．不連続関数を微分する場合にもその意味で形式的につじつまが合うように，右辺にδ関数が現れているのである．

いまの場合, (2.7.4), (2.7.5)の解(2.7.6)が(2.7.1), (2.7.2)に対応する広義の解である.

§2.8　Galerkin 法

ここで有限要素法に戻ることにしよう．具体的に数値解を求めようとすると, (2.7.1)の方程式は2階微分およびδ関数を含むためきわめて扱いにくい．それに対して, 弱形式(2.7.4)の方は含まれる微分は1階のみであり, 数値解を求めることがはるかに容易である．したがって有限要素法では，つねに(2.7.4)のような弱形式が基本方程式にとられるのである.

近似解を適当な基底関数，たとえば(1.3.3)の$\{\hat{\varphi}_j\}$の1次結合によって

$$\hat{u}_n(x) = \sum_{j=1}^{n-1} a_j \hat{\varphi}_j(x) \tag{2.8.1}$$

の形に表現しておく．この形を選んだことによって境界条件

$$\hat{u}_n(0) = \hat{u}_n(1) = 0 \tag{2.8.2}$$

はすでに考慮に入れられている．そして, (2.7.4)の$\varphi(x)$として(1.3.3)で定義した$n-1$個の$\hat{\varphi}_j$, $j=1,2,\cdots,n-1$を選ぶ．このとき, (2.7.4)のuに$\hat{u}_n$を, φに$\hat{\varphi}_j$を代入すると，直ちに次式を得る.

$$\int_0^1 \left(\frac{d\hat{u}_n}{dx}\frac{d\hat{\varphi}_j}{dx} + 4\hat{u}_n\hat{\varphi}_j \right) dx = -\hat{\varphi}_j\left(\frac{1}{2}\right), \qquad j = 1, 2, \cdots, n-1 \tag{2.8.3}$$

これは(1.4.3)に他ならず，問題は結局連立1次方程式(1.4.6)，すなわち

$$\sum_{i=1}^{n-1} (K_{ji} + M_{ji}) a_i = -\hat{\varphi}_j\left(\frac{1}{2}\right), \qquad j = 1, 2, \cdots, n-1 \tag{2.8.4}$$

を解くことに帰着される．ただし，K_{ji}およびM_{ji}はそれぞれ行列(1.4.10)および(1.4.11)のji成分であり，$\hat{\varphi}_j(1/2)$はnが偶数であれば$j=n/2$のみで1, 他のjでは0となる．具体的に$n=10$ととってこの問題の数値解を求めると, 各節点において厳密解(2.7.6)と有効数字4桁が一致する解が得られる.

上の結果をより一般的な場合にも適用できる形に要約しておこう．$a(u,v)$を(2.1.5)のような与えられた双1次形式として，解くべき方程式を

$$\begin{cases} a(u,v)-(f,v)=0, & \forall v\in \mathring{H}_1 \\ u(0)=u(1)=0 \end{cases} \tag{2.8.5}$$

としよう．そして，節点を固定したとして，(1.3.3)の1次結合で表される区分的1次関数(2.8.1)の全体の成す空間を $\mathring{K}_n$ と書く．$\mathring{K}_n$ の元はつねに固定された $n-1$ 個の基底関数 $\hat{\varphi}_1, \hat{\varphi}_2, \cdots, \hat{\varphi}_{n-1}$ の1次結合で表現される．したがって，$\mathring{K}_n$ は $\mathring{H}_1$ の有限次元($n-1$ 次元)部分空間である．このとき，上の弱形式において u を $\hat{u}_n$ で，v を $\hat{v}\in\mathring{K}_n$ で置き換える．

$$a(\hat{u}_n,\hat{v})-(f,\hat{v})=0, \quad \forall \hat{v}\in \mathring{K}_n \tag{2.8.6}$$

$$\hat{u}_n(0)=\hat{u}_n(1)=0 \tag{2.8.7}$$

ここで，任意の $\hat{v}\in\mathring{K}_n$ が $\{\hat{\varphi}_j\}$，$j=1,2,\cdots,n-1$ の1次結合で表現できることに注意すれば，(2.8.6)，(2.8.7)を解くことは結局

$$a(\hat{u}_n,\hat{\varphi}_j)-(f,\hat{\varphi}_j)=0, \quad j=1,2,\cdots,n-1 \tag{2.8.8}$$

$$\hat{u}_n(0)=\hat{u}_n(1)=0 \tag{2.8.9}$$

すなわち連立1次方程式(1.4.6)を解くことに帰着される．

すでに述べたように，弱形式の方程式(2.8.5)を(2.8.6)，(2.8.7)のように近似し，その近似した方程式を解く方法が **Galerkin 法**である．そして，基底関数 $\hat{\varphi}_j$ として区分的多項式を用いる Galerkin 法が**有限要素法**である．方程式(2.8.8)を **Galerkin 方程式**という．

実際に現れる問題では，f が(2.7.1)のような点荷重であったり，あるいは $p(x)$ や $q(x)$ がある種の不連続性をもつなど，方程式に何らかの特異性が存在する場合が多い．このような問題に対しても，Galerkin 法は(2.7.6)のような合理的な解の近似をきわめて自然に与えてくれるのである．また，基底関数として，2階微分可能でなく1階微分可能な関数を使用すれば用が足りるということは，実際に数値解を求める立場からはきわめて好都合である．

§2.9　Ritz　法

一般に，汎関数 $J[u]$ が u の関数として最小値をもつことがわかっているとしよう．このとき，u に対して，いくつかのパラメータを含む試験関数を作り，これを $J[u]$ に代入し，直接 $J[u]$ が最小になるようにこれらのパラメータを定めれば，一つの近似解が得られることになる．この方法を**直接法**，あるいは

Ritz 法という．

直接法をわれわれの問題(2.1.2)に適用してみよう．近似関数として前節で述べた区分的1次多項式

$$\hat{u}_n(x)=\sum_{j=1}^{n-1}a_j\hat{\varphi}_j(x) \tag{2.9.1}$$

をとる．係数$\{a_j\}$が定めるべきパラメータである．この$\hat{u}_n(x)$はすでに境界条件(2.1.1)を満たしている．最小にすべき汎関数(2.1.2)のuに上の$\hat{u}_n$を直接代入すると，

$$\begin{aligned}J[\hat{u}_n]&=\frac{1}{2}\int_0^1\left\{p\left(\sum_{j=1}^{n-1}a_j\frac{\partial\hat{\varphi}_j}{\partial x}\right)^2+q\left(\sum_{j=1}^{n-1}a_j\hat{\varphi}_j\right)^2-2f\sum_{j=1}^{n-1}a_j\hat{\varphi}_j\right\}dx\\&=\frac{1}{2}\boldsymbol{a}^T(K+M)\boldsymbol{a}-\boldsymbol{f}^T\boldsymbol{a}\end{aligned} \tag{2.9.2}$$

なる$\{a_j\}$に関する2次形式が得られる．ベクトル$\boldsymbol{a}$, $\boldsymbol{f}$および行列K, Mは§1.4に定義したものである．

前章の(1.5.2)で見たように行列$K+M$は正定値であるから，$\{a_j\}$を変動させて$J[\hat{u}_n]$の停留値を求める問題は実は$J[\hat{u}_n]$の最小値を求める問題になる．これは(2.1.5)の双1次形式$a(u,v)$の正定値性(2.5.12)を反映するものである．この最小条件は次のように書くことができる．

$$\frac{\partial J[\hat{u}_n]}{\partial a_i}=\sum_{j=1}^{n-1}(K_{ij}+M_{ij})a_j-f_i=0 \tag{2.9.3}$$

K_{ij}とM_{ij}はそれぞれ行列KとMのij成分である．当然期待されるように，この方程式はGalerkin 法によって得た(1.4.6)に他ならない．すなわち，一般に対象としている双1次形式$a(u,v)$が正定値であれば，変分原理に基づくRitz 法とGalerkin 法とは同じものである．

§2.10　非斉次な Dirichlet 境界条件

Dirichlet 境界条件が非斉次の場合，すなわちu_0あるいはu_1のいずれか一方は0でないとして

$$u(0)=u_0,\qquad u(1)=u_1 \tag{2.10.1}$$

が境界条件として与えられた場合でも，取り扱いは斉次のときとほとんど同じ

である．このときには，(2.8.5) の境界条件だけを変更して

$$\begin{cases} a(u,v)-(f,v)=0, \quad {}^\forall v\in \mathring{H}_1 & (2.10.2) \\ u(0)=u_0, \quad u(1)=u_1 & (2.10.3) \end{cases}$$

を解けばよい．すでに第1変分を説明した§2.3で見たように，(2.10.2) の v が本質的に u の変分 δu に対応することに注意すれば，v として $\mathring{H}_1$ の元をとることは理解できよう．

§2.11　自然な境界条件

これまで扱ってきた境界条件はすべて Dirichlet 条件であった．ここでこの条件を変えて，次のような境界値問題を考えてみよう．

$$\begin{cases} -\dfrac{d}{dx}\left(p\dfrac{du}{dx}\right)+qu=f, \quad 0<x<1 & (2.11.1) \\ \alpha u'(0)-\beta u(0)=0 & (2.11.2) \\ \gamma u'(1)+\delta u(1)=0 & (2.11.3) \end{cases}$$

$\alpha,\beta,\gamma,\delta$ は $\alpha\beta\geq 0$, $\gamma\delta\geq 0$ を満たす定数で，$\alpha\neq 0$, $\gamma\neq 0$ と仮定する．また，p と q はそれぞれ (2.1.3) および (2.1.4) を満足する関数としておく．

いま，(2.11.1) の両辺に $v\in H_1$ なる任意の関数を乗じて $(0,1)$ で積分し，(2.11.2) および (2.11.3) の関係を使って部分積分すると次のようになる．

$$\int_0^1 (pu'v'+quv)dx+\frac{\beta}{\alpha}p(0)u(0)v(0)+\frac{\delta}{\gamma}p(1)u(1)v(1)$$

$$=\int_0^1 fvdx, \quad {}^\forall v\in H_1 \tag{2.11.4}$$

ここでは $v(0)=v(1)=0$ を仮定していないことに注意しよう．この問題に対応して，$u,v\in H_1$ に対する双1次形式を

$$a(u,v)=\int_0^1 (pu'v'+quv)dx+\frac{\beta}{\alpha}p(0)u(0)v(0)+\frac{\delta}{\gamma}p(1)u(1)v(1) \tag{2.11.5}$$

によって定義すれば，(2.11.4) は次のように書くことができる．

$$a(u,v)-(f,v)=0, \quad {}^\forall v\in H_1 \tag{2.11.6}$$

これが境界値問題 (2.11.1), (2.11.2), (2.11.3) に対する弱形式である．

前に見た境界条件 $u(0)=u(1)=0$ の場合と異なって，弱形式の方程式(2.11.6)を解くとき境界条件(2.11.2)および(2.11.3)を考慮に入れる必要はない．なぜならば，(2.11.4)をもとの向きに部分積分すれば

$$\int_0^1(-(pu')'+qu-f)vdx$$
$$-\frac{1}{\alpha}p(0)\{\alpha u'(0)-\beta u(0)\}v(0)+\frac{1}{\gamma}p(1)\{\gamma u'(1)+\delta u(1)\}v(1)=0 \tag{2.11.7}$$

となるが，任意の $v\in H_1$ として，まず $v(0)=v(1)=0$ を満たす任意の関数をとれば，変分学の基本定理により左辺第1項から(2.11.1)が導かれ，この部分が0になる．次に $v(0)\neq 0$, $v(1)=0$ を満たすものをとれば(2.11.2)が導かれ，さらに $v(0)=0$, $v(1)\neq 0$ を満たすものをとれば(2.11.3)が導かれるからである．

この事実は変分学ではよく知られていることである．境界値問題(2.11.1), (2.11.2), (2.11.3)に対応する最小にすべき汎関数は

$$J[u]=\frac{1}{2}\int_0^1(pu'^2+qu^2-2fu)dx+\frac{\beta}{2\alpha}p(0)u^2(0)+\frac{\delta}{2\gamma}p(1)u^2(1)$$
$$=\frac{1}{2}a(u,u)-(f,u) \tag{2.11.8}$$

で与えられる．これを見るには，前と同様，ε を任意の実数，η を H_1 に属す任意の関数として

$$u_\varepsilon=u+\varepsilon\eta \tag{2.11.9}$$

と置けばよい．これを(2.11.8)の u に代入して

$$\frac{\partial}{\partial\varepsilon}J[u_\varepsilon]\Big|_{\varepsilon=0}=0 \tag{2.11.10}$$

を作れば

$$a(u,\eta)-(f,\eta)=0,\qquad {}^\forall\eta\in H_1 \tag{2.11.11}$$

すなわち(2.3.8)に対応する弱形式が得られる．この式から境界条件(2.11.2), (2.11.3)が導かれることは上に見た通りである．

これからわかるように，境界条件が(2.11.2), (2.11.3)のような形で与えられる場合には，対応する弱形式の方程式を解くときこれらの条件をまったく考

慮に入れる必要がない．このように，(2. 11. 2)，(2. 11. 3)の条件は弱形式の方程式の解が自然に満足しているので，この条件のことを**自然な境界条件**という．境界条件を考慮に入れる必要がないということは，数値計算の立場からはきわめて有利である．たとえば，

$$u'(0) = u'(1) = 0 \qquad (2.11.12)$$

なる条件は **Neumann 条件**と呼ばれるが，これは自然な境界条件の典型的な例である．

Galerkin 法の場合にも，与えられた問題の弱形式を正しく計算することができ，かつ Dirichlet 条件の場合にはその境界条件を満足する関数を，変分法との対応から**許容関数**と呼ぶ．自然な境界条件の場合には，境界条件をあらかじめ満足させておく必要はなく，許容関数としては弱形式が正しく計算できるような関数であればよいわけである．

第3章　1次元有限要素法の誤差解析

§3.1　Hilbert 空間と Schwarz の不等式

これまでは，有限要素法を，与えられた問題を近似的に解くための手法という立場から議論してきた．ここでは，このような手法によって得られた近似解が，問題の厳密解のいかなる近似に対応しているかを調べることにする．すなわち，本章の主題は，1次元境界値問題の有限要素解に対する誤差解析である．そこでまず，本論に入る前にいくつかの数学的準備をしておこう．

ある関数空間に属する任意の二つの元 u, v に対して，**内積** (u,v) が定義されているものとしよう．一般に，内積 (u,v) が満たさなければならない条件は，次の3条件である．

(i)　$(u,u)\geq 0$, ただし等号は $u=0$ のときに限り成り立つ．　(3.1.1)

(ii)　$(u,v)=(v,u)$　(3.1.2)

(iii)　α, β を実数とするとき　$(\alpha u+\beta v,w)=\alpha(u,w)+\beta(v,w)$　(3.1.3)

内積が定義されていると，その関数空間は **Hilbert 空間**になる．また，Hilbert 空間のノルムは，内積を使って

$$\|u\| = \sqrt{(u,u)} \tag{3.1.4}$$

によって定義する．厳密には Hilbert 空間には完備性が要求されるのであるが，ここでは完備性はとくに問題とせずに議論を進めることにする．厳密な意味での Hilbert 空間に対して完備性を仮定しない空間を区別する場合には，後者を pre-Hilbert 空間と呼ぶ．

たとえば，われわれが§2.2で考えた空間 H_1 は，内積を

$$(u,v)_1 = \int_0^1 (u'v'+uv)dx \tag{3.1.5}$$

によって定義することにより，一つの Hilbert 空間になる．

Hilbert 空間 H に属する二つの元 u と v の間に

$$(u,v) = 0 \tag{3.1.6}$$

なる関係が成立するとき，u と v は**直交**するといい，次のように書く．

$$u \perp v \tag{3.1.7}$$

Hilbert 空間 H の中に，$\|\phi\|=1$ を満たす関数 ϕ と，任意の関数 u が与えられたとする．このとき，

$$v = c\phi, \qquad u-v \perp \phi \tag{3.1.8}$$

なる関数 v を考えよう(図3.1)．この v を ϕ の方向への u の**正射影**と呼ぶことがある．$u-v$ と ϕ とが直交するという(3.1.8)の関係は，具体的には

$$(u-c\phi, \phi) = 0 \tag{3.1.9}$$

を意味する．これから c を求めて(3.1.8)に代入すると

$$v = (u, \phi)\phi \tag{3.1.10}$$

であることがわかる．したがって，直交関係(3.1.9)によって次式が成り立つ．

$$\begin{aligned}\|u\|^2 &= \|u-(u, \phi)\phi+(u, \phi)\phi\|^2 \\ &= \|u-(u, \phi)\phi\|^2+\|(u, \phi)\phi\|^2 \\ &\geq |(u, \phi)|^2\end{aligned} \tag{3.1.11}$$

ϕ としてとくに $\phi=v/\|v\|$ ととることができるので，これを上の不等式に代入すれば，次の **Schwarz の不等式**が得られる．

$$|(u, v)| \leq \|u\|\|v\| \tag{3.1.12}$$

等号は $u=(u, v)v$，すなわち u が v の定数倍のときにのみ成り立つ．

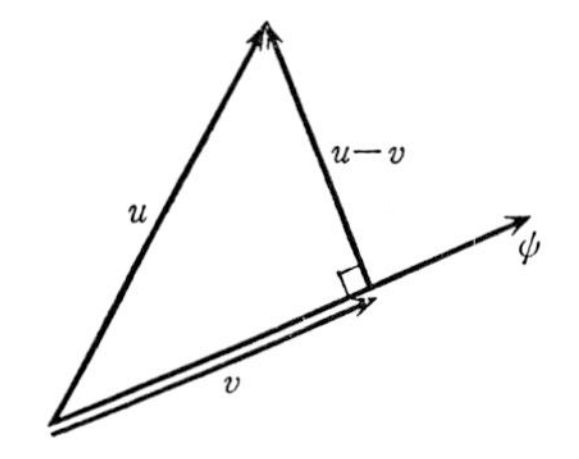

図 3.1　ϕ の方向への u の正射影 v

たとえば，内積が

$$(u, v) = \int_a^b u(x)v(x)dx \tag{3.1.13}$$

で定義されている場合の Schwarz の不等式は次の形になる．

$$\left|\int_a^b u(x)v(x)dx\right|^2 \leq \left[\int_a^b \{u(x)\}^2 dx\right]\left[\int_a^b \{v(x)\}^2 dx\right] \tag{3.1.14}$$

§3.2 双1次形式の有界性

Schwarz の不等式に関連して，ここで $a(u,v)$ の有界性について述べておこう．われわれの双1次形式(2.1.5)は，条件(2.1.3)および(2.1.4)より

$$|a(u,v)| \leq M\int_0^1(|u'v'|+|uv|)dx \tag{3.2.1}$$

を満たす．ただし，$M=\max(p_M, q_M)$である．ここで，不等式

$$|u'v'|+|uv| \leq (u'^2+u^2)^{1/2}(v'^2+v^2)^{1/2} \tag{3.2.2}$$

が成り立つことに注意した上で，(3.1.14)を適用すれば

$$|a(u,v)| \leq M\|u\|_1\|v\|_1 \tag{3.2.3}$$

が導かれる．この不等式が成り立つとき，双1次形式 $a(u,v)$ は空間 H_1 において**有界**であるという．われわれが本書で扱う双1次形式はすべて有界なものである．

双1次形式(2.1.5)において $p=q=1$ と置くと，(3.2.3)より内積(3.1.5)に対して

$$|(u,v)_1| \leq \|u\|_1\|v\|_1 \tag{3.2.4}$$

が成り立つことがわかる．これは，Schwarz の不等式(3.1.12)に他ならない．この不等式を利用すれば，ノルム $\|u\|_1$ が，§2.2 で要請したノルムの条件(iii)を満たすことが容易に示される．

§3.3 エネルギー空間

双1次形式 $a(u,v)$ が対称で，かつ楕円性の条件(2.5.13)を満たしているものとしよう．このとき，

$$\|u\|_a \equiv \sqrt{a(u,u)} \tag{3.3.1}$$

$$(u,v)_a \equiv a(u,v) \tag{3.3.2}$$

がそれぞれノルムおよび内積の資格をもつ量であることは容易に確かめられる．とくに $\|u\|_a$ が§2.2に与えたノルムの条件(iii)を満たすことは，Schwarz の不等式(3.1.12)，すなわち

$$|(u,v)_a| \leq \|u\|_a\|v\|_a \tag{3.3.3}$$

を利用することによって示すことができる．したがって，この内積により一つの新しい Hilbert 空間 H_a が定義される．添字 a は，双1次形式 $a(u,v)$ に基づ

くことを明示するために付したものである．

$a(u, u) = \|u\|_a{}^2$ は，物理的には問題にしている系のエネルギーに相当する量である場合が多いので，H_a のことをとくに**エネルギー空間**と呼ぶ．そして，(3.3.1)および(3.3.2)をそれぞれ**エネルギー・ノルム**および**エネルギー内積**という．

§3.4　エネルギー・ノルムによる最良近似

数学的準備が整ったので，(2.1.5)のような対称な双1次形式 $a(u, v)$ を主要項とする，次の境界値問題の有限要素解の誤差解析へ議論を進めることにしよう．

$$a(u, v) - (f, v) = 0, \qquad \forall v \in \mathring{H} \tag{3.4.1}$$

ただし，境界条件がDirichlet型の場合には，あらかじめ u にその条件を課しておく．また，H を $a(u, v)$ に要請される微分可能性を満足する関数全体の成す関数空間とするとき，$\mathring{H}$ は，Dirichlet境界条件が与えられている点での境界値を0と置いた関数から成る，H の部分空間である．さらに，双1次形式 $a(u, v)$ は有界

$$a(u, v) \leq M\|u\|\|v\|, \qquad \forall u, v \in H \tag{3.4.2}$$

かつ $\mathring{H}$-楕円型条件

$$a(v, v) \geq \gamma\|v\|^2, \qquad \forall v \in \mathring{H} \tag{3.4.3}$$

を満たすものと仮定する．$\|v\|$ は H におけるノルムで，γ は正の定数である．仮定(3.4.2)は，v が H に属すならば H_a にも属していること，すなわち H は H_a の部分空間であることを示している．したがって，$\mathring{H}$ もまた H_a の部分空間である．

方程式(3.4.1)が，u が与えられたDirichlet境界条件を満たすという条件の下で

$$J[u] = \frac{1}{2}a(u, u) - (f, u) \tag{3.4.4}$$

を最小にする問題から導かれることはすでに見た通りである．

さて，(3.4.1)の有限要素解を構成するために，適当な基底関数 $\hat{\varphi}_j$, $j=1, 2, \cdots, n$ の1次結合で表される試験関数 $\hat{v}_n$ を用意する．この試験関数 $\hat{v}_n$ を使って

(3.4.1)を有限要素法で解くということは，$\hat{v}_n$が与えられたDirichlet境界条件を満足するという条件の下で，

$$J[\hat{v}_n]=\frac{1}{2}a(\hat{v}_n,\hat{v}_n)-(f,\hat{v}_n)$$
$$=\frac{1}{2}(\hat{v}_n,\hat{v}_n)_a-(f,\hat{v}_n) \tag{3.4.5}$$

を最小にすることと同じである．したがって，(3.4.1)の厳密解uと試験関数$\hat{v}_n$の間に次の関係が成り立つことがわかる．

$$\begin{aligned}\|\hat{v}_n-u\|_a{}^2&=(\hat{v}_n-u,\hat{v}_n-u)_a\\&=(\hat{v}_n,\hat{v}_n)_a-2(u,\hat{v}_n)_a+(u,u)_a\\&=(\hat{v}_n,\hat{v}_n)_a-2(f,\hat{v}_n)+(u,u)_a\\&=2J[\hat{v}_n]+(u,u)_a\end{aligned} \tag{3.4.6}$$

一方，有限要素解$\hat{u}_n$は，$\hat{v}_n$が与えられたDirichlet境界条件を満足するという条件の下で$J[\hat{v}_n]$が最小になるように決めるのであるから

$$J[\hat{u}_n]\leq J[\hat{v}_n] \tag{3.4.7}$$

が成り立つ．したがって，この不等式と(3.4.6)より次の関係を得る．

$$\|\hat{u}_n-u\|_a\leq\|\hat{v}_n-u\|_a \tag{3.4.8}$$

すなわち，有限要素法によって近似解$\hat{u}_n$を求めるということは，エネルギー空間H_aにおいて，$\hat{v}_n$が$\{\hat{\varphi}_j\}$の1次結合で表され，かつ与えられたDirichlet境界条件を満たすという条件の下で，ノルム$\|\hat{v}_n-u\|_a$を最小にすることと等しい．いいかえれば，有限要素解$\hat{u}_n$は，エネルギー・ノルムによる厳密解uの上述の条件の下での**最良近似**と考えられるのである．

§3.5　有限要素解と正射影

一般に，Hilbert空間Hのある部分空間Kを考えよう．Hの一つの元uをとったとき，ある$w\in K$が

$$(u-w,v)=0,\qquad {}^\forall v\in K \tag{3.5.1}$$

を満たすならば，

$$w=Pu \tag{3.5.2}$$

と書いてこれをuの部分空間Kへの**正射影**あるいは**直交射影**と呼ぶ．Pは射

影を表す演算子である．上に示した(3.5.1)の関係は，u の K への正射影の残差 $u-Pu$ は任意の $v\in K$ と直交する，すなわち

$$u-Pu \perp v, \qquad {}^{\forall}v \in K \tag{3.5.3}$$

ということを示している．このとき，残差 $u-Pu$ は K の**直交補空間** $K^{\perp}$ に属すという．

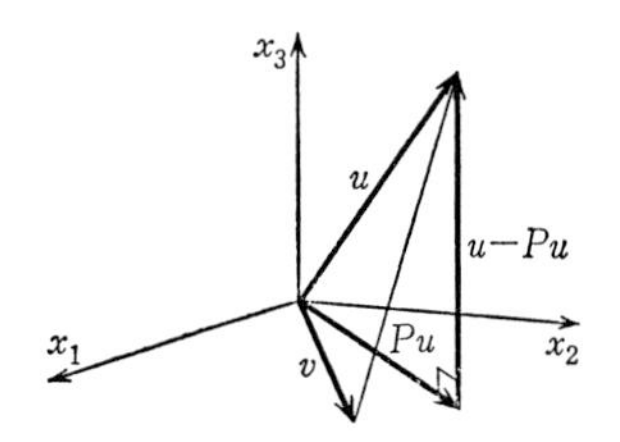

図3.2　u とその正射影 Pu

図3.2からわかるように，3次元 $x_1x_2x_3$ 空間の中のベクトル u の2次元 x_1x_2 平面への正射影を Pu とするとき，$u-Pu$ と x_1x_2 平面内の任意のベクトル v とは直交する．上の結果は，この直交関係をHilbert空間とその部分空間との間の直交関係に拡張したものである．

正射影の概念をわれわれの例(2.1.5)に適用してみよう．その場合のエネルギー空間 H_a の内積は，(2.1.3)と(2.1.4)の条件の下で

$$(u, v)_a = a(u, v) = \int_0^1 (pu'v' + quv)dx \tag{3.5.4}$$

によって定義される．この表現を用いると，与えられたもとの方程式

$$(f, \hat{v}) - a(u, \hat{v}) = 0, \qquad {}^{\forall}\hat{v} \in \mathring{K}_n \tag{3.5.5}$$

および(2.8.6)の近似方程式

$$(f, \hat{v}) - a(\hat{u}_n, \hat{v}) = 0, \qquad {}^{\forall}\hat{v} \in \mathring{K}_n \tag{3.5.6}$$

より，

$$\begin{aligned} &a(u, \hat{v}) - a(\hat{u}_n, \hat{v}) \\ &\quad = (u-\hat{u}_n, \hat{v})_a = 0, \qquad {}^{\forall}\hat{v} \in \mathring{K}_n \end{aligned} \tag{3.5.7}$$

なる関係が得られる．これと(3.5.1)とを比較すると，

$$\hat{u}_n = Pu \tag{3.5.8}$$

となることがわかる．$\mathring{K}_n$ は H_a の部分空間である．したがって，この結果は有限要素近似解 $\hat{u}_n$ が，エネルギー空間 H_a における真の解 u の $\mathring{K}_n$ への正射影

に他ならないことを示している.

§3.6 正射影の最良性

与えられたDirichlet境界条件が斉次の場合には，有限要素解の最良性を示す不等式(3.4.8)は前節で導入した正射影の概念からも導くことができる．この場合，上で見たように，$\hat{u}_n$はエネルギー空間H_aにおける部分空間$\mathring{K}_n$への真の解uの正射影Puである．したがって，$\mathring{K}_n$の一つの元$\hat{v}_n$をとると，$\hat{u}_n-\hat{v}_n\in\mathring{K}_n$であるから

$$u-\hat{u}_n \perp \hat{u}_n-\hat{v}_n \tag{3.6.1}$$

すなわち

$$(u-\hat{u}_n, \hat{u}_n-\hat{v}_n)_a = 0 \tag{3.6.2}$$

が成り立つ．したがって，

$$\begin{aligned}\|u-\hat{v}_n\|_a{}^2 &= \|u-\hat{u}_n+\hat{u}_n-\hat{v}_n\|_a{}^2 \\ &= \|u-\hat{u}_n\|_a{}^2+\|\hat{u}_n-\hat{v}_n\|_a{}^2 \geq \|u-\hat{u}_n\|_a{}^2\end{aligned} \tag{3.6.3}$$

が得られる．この不等式は(3.4.8)に他ならない.

再び図3.2の3次元$x_1x_2x_3$空間の中のベクトルuと，その2次元x_1x_2平面への正射影$Pu=\hat{u}_n$とを考えよう．このとき，Puとx_1x_2平面内の任意のベクトル$v=\hat{v}_n$とを比較すると，$u-v$の長さの最小値は垂線$u-Pu$によって与えられる．上の結果はこのことからも直観的に理解することができよう.

与えられたDirichlet境界条件が非斉次の場合には，§2.2の最後に述べたように，その条件を満たすH_aの関数の全体から成る集合はH_aの部分空間を成さない．しかし，その場合でも(3.6.2)に現れる差$\hat{u}_n-\hat{v}_n$は$\mathring{K}_n$に属するので(3.5.7)が$\hat{v}=\hat{u}_n-\hat{v}_n$に対して成り立ち，したがって(3.6.3)の結果は正しい.

§3.7 区分的1次多項式による補間

不等式(3.4.8)は，近似解$\hat{u}_n$の誤差$\|\hat{u}_n-u\|_a$に対する一つの評価式ではあるが，右辺には任意の関数$\hat{v}_n$が含まれているので，このままでは有効な情報は与えてくれない．しかし，もし適当な$\hat{v}_n$を具体的にうまく厳密解uに近く選ぶことができて，しかもその誤差$\|\hat{v}_n-u\|_a$を何らかの形で評価することができたとすれば，(3.4.8)を通じて近似解$\hat{u}_n$の誤差$\|\hat{u}_n-u\|_a$に対する一つの評

価が得られることになる．

したがって以下の問題は，未知ではあるがある定まった関数 u のエネルギー空間における**関数近似**およびその誤差評価という，いわば有限要素法とは離れた問題になる．

u に近い $\hat{v}_n$ として通常選ばれるのは，u の**補間** $\hat{u}_{\mathrm{I}}$ である．添字 I は，interpolation(補間)の i を意味する．

再びわれわれの具体的問題(2.3.9)に戻って説明しよう．境界条件は非斉次 Dirichlet 条件でもよいものとする．有限要素法を適用したときとまったく同様に，区間 $[0,1]$ を等間隔きざみ幅 h で n 等分して節点

$$x_k = kh, \qquad k = 0, 1, \cdots, n \tag{3.7.1}$$

をとり，この節点に基づく次のような区分的1次多項式を考える．すなわち，図3.3に示すように，各節点において

$$\hat{u}_{\mathrm{I}}(x_k) = u(x_k), \qquad k = 0, 1, \cdots, n \tag{3.7.2}$$

を満足し，節点と節点の間を1次式でつないだ連続な区分的1次多項式 $\hat{u}_{\mathrm{I}}(x)$ を構成する．これが u に対する最も簡単な区分的1次の補間公式である．節点が定まっていれば，u に対して $\hat{u}_{\mathrm{I}}$ が一意的に定まることは明らかである．

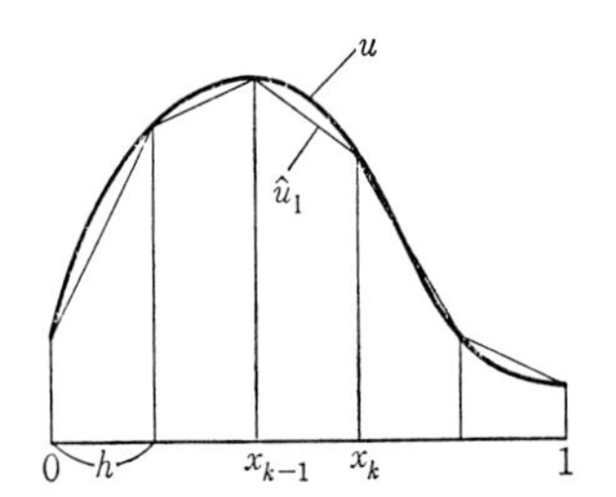

図3.3　関数 u に対する区分的1次の補間多項式 $\hat{u}_{\mathrm{I}}$

この $\hat{u}_{\mathrm{I}}$ は $H=H_1$ に属し，また与えられた境界条件を満足している．したがって，われわれの問題の試験関数として，すなわち(3.4.8)の $\hat{v}_n$ としてこの $\hat{u}_{\mathrm{I}}$ を採用することが許されることになる．

§3.8　区分的1次補間多項式の誤差

不等式(3.4.8)の $\hat{v}_n$ として $\hat{u}_{\mathrm{I}}$ を採用するとすれば，次に必要になるのはその誤差評価である．そこで，一般に u を与えられた関数として，u の区分的1次

補間 $\hat{u}_{\mathrm{I}}$ の誤差

$$e(x)=u(x)-\hat{u}_{\mathrm{I}}(x) \tag{3.8.1}$$

を調べることにしよう．u と $\hat{u}_{\mathrm{I}}$ とは節点での値が一致しているので，その差 e の節点における値は0になる．したがって，$(0,1)$ で u'' が2乗積分可能であるとすると，(2.5.10)より

$$\int_{x_k}^{x_{k+1}} e^2dx \le \frac{h^4}{\pi^4}\int_{x_k}^{x_{k+1}} e''^2dx = \frac{h^4}{\pi^4}\int_{x_k}^{x_{k+1}} u''^2dx \tag{3.8.2}$$

が成り立つ．最後の等式は，$\hat{u}_{\mathrm{I}}$ が区分的1次式であるから部分区間 (x_k, x_{k+1}) では $\hat{u}_{\mathrm{I}}''=0$ となることによる．上式を全区間にわたって加え合わせれば，次式を得る．

$$\int_0^1 e(x)^2dx \le \frac{h^4}{\pi^4}\int_0^1 u''^2dx \tag{3.8.3}$$

この式から，u の2階微分が2乗積分可能である限り，左辺の平方根で与えられる補間 $\hat{u}_{\mathrm{I}}$ の平均2乗誤差が h^2 のオーダーであることがわかる．

上と同様にして，(2.5.9)より

$$\int_0^1 e'(x)^2dx \le \frac{h^2}{\pi^2}\int_0^1 u''^2dx \tag{3.8.4}$$

が得られる．したがって，(2.1.5)より

$$a(e,e) \le M\int_0^1 (e'^2+e^2)dx \le M\left(\frac{h^2}{\pi^2}+\frac{h^4}{\pi^4}\right)\int_0^1 u''^2dx \tag{3.8.5}$$

が成り立ち，エネルギー・ノルムの定義(3.3.1)に注意すれば次の評価が導かれる．

$$\|u-\hat{u}_{\mathrm{I}}\|_a \le Ch\left\{\int_0^1 u''^2dx\right\}^{1/2} \tag{3.8.6}$$

C は，ある一定値より小さな h に対しては h に依存しない定数である．こうして，h が小さいとき，補間の誤差はエネルギー・ノルムで測れば h の1乗のオーダーであることがわかった．

§3.9　微分方程式の解の2階微分の評価

ここでわれわれの境界値問題(1.1.1)，(1.1.2)に戻ろう．評価(3.8.6)の右辺

には問題の解 u の2階微分が含まれている．ここを問題の右辺に現れている既知の関数 f によって評価することができれば，評価はより具体的になる．すでに§2.7で見たように，f のなめらかさ，つまり微分可能性は解 u の2階微分 u'' に直接反映されるので，f が小さければ u'' も小さいことは自然に予想されることである．実際，われわれの問題において p, q, f がしかるべき条件を満足すれば，C を定数として次の評価が成り立つ．

$$\int_0^1 u''^2 dx \leq C\int_0^1 f^2 dx \tag{3.9.1}$$

簡単のために p と q は定数であるとして，問題(1.1.1), (1.1.2)についてこの不等式が成立することを見よう．右辺の関数 $f(x)$ を次のようにFourier級数に展開する．

$$\begin{cases} f(x) = \dfrac{1}{2}b_0 + \displaystyle\sum_{j=1}^{\infty} b_j \cos j\pi x + \sum_{j=1}^{\infty} c_j \sin j\pi x & (3.9.2) \\ b_j = 2\displaystyle\int_0^1 f(x)\cos j\pi x dx, \qquad c_j = 2\int_0^1 f(x)\sin j\pi x dx & (3.9.3) \end{cases}$$

これから直ちに次のParsevalの等式が導かれる．

$$\frac{1}{4}b_0^2 + \frac{1}{2}\sum_{j=1}^{\infty} b_j^2 + \frac{1}{2}\sum_{j=1}^{\infty} c_j^2 = \int_0^1 f(x)^2 dx \tag{3.9.4}$$

一方，解 $u(x)$ を

$$u(x) = \sum_{j=1}^{\infty} a_j \sin j\pi x \tag{3.9.5}$$

の形に展開すると，展開係数 a_j は(1.1.6)で与えられる．したがって，

$$\begin{aligned} u''(x) &= -\sum_{j=1}^{\infty} (j\pi)^2 a_j \sin j\pi x \\ &= -\sum_{j=1}^{\infty} \frac{(j\pi)^2}{(j\pi)^2 p + q} c_j \sin j\pi x \end{aligned} \tag{3.9.6}$$

となり，両辺を2乗して積分すれば，$\{\sin j\pi x\}$ の直交性および(3.9.4)より，目的とした次の不等式が導かれる．

$$\int_0^1 u''(x)^2 dx = \frac{1}{2}\sum_{j=1}^{\infty}\left\{\frac{(j\pi)^2}{(j\pi)^2 p + q}\right\}^2 c_j^2 \leq \frac{1}{2p^2}\sum_{j=1}^{\infty} c_j^2$$

$$\leq \frac{1}{p^2}\int_0^1 f(x)^2 dx \tag{3.9.7}$$

評価(3.9.1)が成り立てば，(3.8.6)より補間の誤差に関して

$$\|u-\hat{u}_{\mathrm{I}}\|_a \leq C'h\left\{\int_0^1 f^2 dx\right\}^{1/2} \tag{3.9.8}$$

が成立する．われわれは以下，(3.9.1)の型の評価はつねに成立するものとして議論をすすめる．

§3.10　連続な線形汎関数のノルムによる評価

不等式(3.9.1)は解 u の2階微分を評価する式であり，これにより f のノルムが連続的に変化するとき u'' のノルムも連続的に変化することが結論される．つまりこの不等式は，2階微分を陽に含む方程式(1.1.1)あるいは(2.4.4)に関して成り立つ，f と u'' との間の上の意味での連続性を示す式である．

弱形式の方程式(2.3.8)に関しても，類似の連続性を示す関係式を導くことができる．それを示す前に，(2.3.8)あるいは(2.1.9)などに現れる積分

$$(f, u) = \int_0^1 fu dx \tag{3.10.1}$$

について少々説明を加えておこう．まず，内積と同じ記号を使用しているが，この量は内積ではない．なぜならば，一般には f と u が同一の関数空間に属してはいないからである．例として方程式(2.7.1)を取り上げると，その右辺は $f=\delta(x-1/2)=\delta_{1/2}$ であるが，一方(3.10.1)において f に乗ぜられる u としてはわれわれは $\mathring{H}_1$ の元を考えている．そして，その場合にも積分(3.10.1)は確かに存在し，結果は $u(1/2)$ を与えるのである．

そこで，任意の $u\in\mathring{H}_1$ に対して積分(3.10.1)が存在するような f の全体から成る空間を $\mathring{H}_{-1}$ と書くことにする．つまり，$\mathring{H}_{-1}$ は関数空間 $\mathring{H}_1$ の上の**連続な線形汎関数**の成す空間であり，Dirac の δ 関数 $\delta(x-1/2)=\delta_{1/2}$ はその一つの元である．$\mathring{H}_{-1}$ のノルムとしては

$$\|f\|_{-1} = \sup_{v\in\mathring{H}_1} \frac{|(f, v)|}{\|v\|_1} \tag{3.10.2}$$

をとる．

例として再び$f=\delta_{1/2}$の場合を考えよう．Schwarzの不等式(3.1.14)において$a=0$, $b=1/2$ととり，uの代りに1，vの代りにv'と置くと，$v(0)=0$より

$$\left\{v\left(\frac{1}{2}\right)\right\}^2 \leq \frac{1}{2}\int_0^{1/2} v'^2 dx \leq \int_0^1 v'^2 dx \leq \|v\|_1{}^2 \tag{3.10.3}$$

となる．したがって，

$$\frac{|(\delta_{1/2}, v)|}{\|v\|_1} = \frac{|v(1/2)|}{\|v\|_1} \leq 1, \qquad {}^\forall v \in \mathring{H}_1 \tag{3.10.4}$$

が成り立つ．すなわち，少なくとも

$$\|\delta_{1/2}\|_{-1} \leq 1 \tag{3.10.5}$$

つまり，δ関数の$\mathring{H}_{-1}$ノルムは有界であることがわかる．

さて，方程式(2.3.8)の解をuとするとき，(2.3.8)において$\eta=u$と置こう．すると，

$$a(u, u) = (f, u) \tag{3.10.6}$$

が成り立つが，左辺は楕円性の条件(2.5.13)より

$$\gamma\|u\|_1{}^2 \leq a(u, u) \tag{3.10.7}$$

のように下からおさえられる．一方，(3.10.6)の右辺の絶対値は，(3.10.2)より次のように上からおさえられる．

$$|(f, u)| \leq \|f\|_{-1}\|u\|_1 \tag{3.10.8}$$

したがって，これらの不等式を合わせ，$\gamma\|u\|_1$で割れば

$$\|u\|_1 \leq \frac{1}{\gamma}\|f\|_{-1} \tag{3.10.9}$$

となる．この式によって，右辺のfがDiracのδ関数のような場合でも，その変化が微小であれば，たとえば点荷重のかかる位置の変化が微小であれば，解uも，その1階微分まで含めて，著しく大きくなってしまうようなことはないことがわかる．

§3.11　有限要素解のエネルギー・ノルムによる誤差評価

補間$\hat{u}_{\mathrm{I}}$の誤差が(3.8.6)のように得られたので，あとは不等式(3.4.8)の$\hat{v}_n$として$\hat{u}_{\mathrm{I}}$を代入すればよい．こうして，有限要素解$\hat{u}_n$のエネルギー・ノルムによる誤差評価が導かれる．

$$\|u-\hat{u}_n\|_a \leq Ch\left\{\int_0^1 u''^2 dx\right\}^{1/2} \tag{3.11.1}$$

真の解の2階微分 u'' が2乗積分可能である限り，誤差はエネルギー・ノルムで測って h のオーダーである．補間 $\hat{u}_{\mathrm{I}}$ の誤差は(3.8.3)より h^2 のオーダーであるが，エネルギー・ノルムには関数の微分が含まれているため，(3.8.4)の平方根の影響によって h のオーダーが1だけ減少したのである．

双1次形式 $a(u, v)$ の正定値性(2.5.12)より，次の Sobolev ノルムによる誤差評価が得られる．

$$\|u-\hat{u}_n\|_1 \leq C'h\left\{\int_0^1 u''^2 dx\right\}^{1/2} \tag{3.11.2}$$

この評価は，h を小さくするとき，有限要素解 $\hat{u}_n$ 自体が真の解 u に近づくことを示していると同時に，その1階微分も h のオーダーで真の解の微分 u' に近づくことを示している．

§3.12 有限要素解の平均2乗誤差と Nitsche のトリック

有限要素解 $\hat{u}_n$ の値自体の誤差，つまり微分を含まない平均2乗誤差はどのように表されるであろうか．真の解 u の補間 $\hat{u}_{\mathrm{I}}$ の平均2乗誤差が

$$\|u-\hat{u}_{\mathrm{I}}\|_0 \equiv \left\{\int_0^1 (u-\hat{u}_{\mathrm{I}})^2 dx\right\}^{1/2} \leq \frac{h^2}{\pi^2}\left\{\int_0^1 u''^2 dx\right\}^{1/2} \tag{3.12.1}$$

を満たすことはすでに(3.8.3)で見た通りである．添字0は，このノルムが0階微分，すなわち関数値のみを含む Sobolev ノルムであることを意味する．真の解 u に対する有限要素解 $\hat{u}_n$ と u の補間 $\hat{u}_{\mathrm{I}}$ は別物ではあるが，両者は多分似ていて，$\hat{u}_n$ の方もその平均2乗誤差が h^2 のオーダーであることが予想される．

有限要素解の平均2乗誤差を導く一つの巧妙な方法が知られている．それは，**Nitsche のトリック**と呼ばれる次の方法である．有限要素解 $\hat{u}_n$ の誤差を

$$\hat{e}_n = u-\hat{u}_n \tag{3.12.2}$$

と置こう．いま，(2.3.8)において f の代りに $\hat{e}_n$ を右辺にもつ方程式を補助的に考え，その解を w とする．

$$a(w, \eta) = (\hat{e}_n, \eta), \quad \forall \eta \in \mathring{H}_1 \tag{3.12.3}$$

ただし，w には境界で $w=0$ なる条件を課しておく．u と $\hat{u}_n$ とは境界では一致

しており，したがって $\hat{e}_n$ は空間 $\mathring{H}_1$ に属していることに注意しよう．そこで，とくに $\eta=\hat{e}_n$ と置くと，(3.12.3)は

$$a(w, \hat{e}_n) = (\hat{e}_n, \hat{e}_n) = \|\hat{e}_n\|_0{}^2 \tag{3.12.4}$$

となる．一方，(3.5.7)より，$\hat{v}\in\mathring{K}_n$ に対して

$$a(u-\hat{u}_n, \hat{v}) = a(\hat{e}_n, \hat{v}) = a(\hat{v}, \hat{e}_n) = 0 \tag{3.12.5}$$

が成り立つから，(3.12.4)からこの式を引くことにより

$$a(w-\hat{v}, \hat{e}_n) = \|\hat{e}_n\|_0{}^2 \tag{3.12.6}$$

が得られる．この左辺に Schwarz の不等式(3.3.3)を適用すると

$$\|\hat{e}_n\|_0{}^2 \leq \{a(w-\hat{v}, w-\hat{v})\}^{1/2}\{a(\hat{e}_n, \hat{e}_n)\}^{1/2} \tag{3.12.7}$$

が導かれる．ここで，$\hat{v}$ としてとくに w に対する Galerkin 近似をとれば，(3.11.1), (3.9.7)より

$$\{a(w-\hat{v}, w-\hat{v})\}^{1/2} \leq C'h\left\{\int_0^1 \hat{e}_n{}^2 dx\right\}^{1/2} = C'h\|\hat{e}_n\|_0 \tag{3.12.8}$$

が成り立ち，また同じく(3.11.1)より

$$\{a(\hat{e}_n, \hat{e}_n)\}^{1/2} \leq C''h\left\{\int_0^1 u''^2 dx\right\}^{1/2} \tag{3.12.9}$$

が成り立つ．したがって，これらを(3.12.7)の右辺に代入すれば

$$\|\hat{e}_n\|_0{}^2 \leq C'''h^2\|\hat{e}_n\|_0\left\{\int_0^1 u''^2 dx\right\}^{1/2} \tag{3.12.10}$$

となり，両辺を $\|\hat{e}_n\|_0$ で割れば目的とした次の結果を得る．

$$\|\hat{e}_n\|_0 \leq C'''h^2\left\{\int_0^1 u''^2 dx\right\}^{1/2} \tag{3.12.11}$$

こうして，$\hat{u}_n$ の値の平均2乗誤差が h^2 のオーダーであることが示された．

ここで得た誤差のオーダー h あるいはオーダー h^2 は，いずれも真の解 u に対する補間 $\hat{u}_\mathrm{I}$ の誤差のもつ性質が基本になっていることに注意しよう．性質の良い問題について領域の分割を細分しながら誤差を実際に調べてみると，漸近的に上述の解析を裏付ける結果が観測される．つまり，領域の分割を細かくするとき，有限要素解 $\hat{u}_n$ が真の解 u へいかなる速さで収束するかという点に関しては，(3.11.2)あるいは(3.12.11)はほぼ正しい結果を与えている．しかし，真の解 u が知られていない一般の問題においては，ある特定の分割に対して $\hat{u}_n$

の誤差が実際にどの程度であるかという点に関しては，上の解析は必ずしも有益な解答を与えることはできないことに注意する必要がある．上で得た誤差評価式に，一般には具体的な値のわからない定数 C' あるいは C''' が含まれているためである．

第4章　2次元楕円型境界値問題

§4.1　2次元境界値問題と弱形式

有限要素法が実用に供されるのは主として2次元，3次元の問題である．ここでは，2次元定常問題の例として楕円型の2階線形偏微分方程式の境界値問題を取り上げ，それに有限要素法を適用してみよう．

xy 平面上の有界な領域 G において次の Dirichlet 型の境界値問題を考える．

$$\begin{cases} -\Delta u + qu = f & (4.1.1) \\ \partial G \text{ において} \quad u = 0 & (4.1.2) \end{cases}$$

ただし，∂G は G の境界であり，Δ はラプラシアン

$$\Delta u = \frac{\partial^2 u}{\partial x^2} + \frac{\partial^2 u}{\partial y^2} \tag{4.1.3}$$

である．また，$q(x, y)$ および $f(x, y)$ は適当ななめらかさをもつ与えられた関数で，G において

$$q(x, y) \geq 0 \tag{4.1.4}$$

を仮定する．

これまで述べてきた考え方に基づいて有限要素法を適用するためには，まず方程式(4.1.1)を弱形式に直しておく必要がある．そこで準備として，領域 G において1階微分が2乗積分可能な関数の成す空間，すなわちノルムが

$$\|v\|_1 = \left[\iint_G \left\{ \left(\frac{\partial v}{\partial x} \right)^2 + \left(\frac{\partial v}{\partial y} \right)^2 + v^2 \right\} dxdy \right]^{1/2} \tag{4.1.5}$$

で定義される関数空間を導入し，これを改めて H_1 と書くことにする．これは Sobolev 空間の最も典型的な例である．また，内積を

$$(u, v)_1 = \iint_G \left(\frac{\partial u}{\partial x} \frac{\partial v}{\partial x} + \frac{\partial u}{\partial y} \frac{\partial v}{\partial y} + uv \right) dxdy \tag{4.1.6}$$

のように定めることにより H_1 は Hilbert 空間となる．そして，Schwarz の不等式 $|(u, v)_1| \leq \|u\|_1 \|v\|_1$ を利用すれば，(4.1.5)がノルムの条件(2.2.4)を満た

すことが確かめられる．さらに，H_1 に属す関数のうち，とくに

$$\partial G \text{ において} \qquad v=0 \tag{4.1.7}$$

なる条件を満たす関数の成す H_1 の部分空間を $\mathring{H}_1$ と書くことにしよう．

境界条件が Dirichlet 型であるから，(4.1.1)の弱形式を導くために前章と同様に(4.1.1)の両辺に $v\in\mathring{H}_1$ を乗じて領域 G で積分する．

$$-\iint_G\left(\frac{\partial^2 u}{\partial x^2}+\frac{\partial^2 u}{\partial y^2}-qu\right)vdxdy=\iint_G fvdxdy \tag{4.1.8}$$

ここで部分積分を行うわけであるが，そのとき必要な公式は次の **Green の公式**である．

$$\iint_G(\Delta u)vdxdy=-\iint_G\left(\frac{\partial u}{\partial x}\frac{\partial v}{\partial x}+\frac{\partial u}{\partial y}\frac{\partial v}{\partial y}\right)dxdy$$
$$+\int_{\partial G}\left(\frac{\partial u}{\partial x}\cos\theta_1+\frac{\partial u}{\partial y}\cos\theta_2\right)vd\sigma \tag{4.1.9}$$

右辺第2項は境界 ∂G に沿う曲線積分であり，$\cos\theta_1$ および $\cos\theta_2$ はそれぞれ曲線要素 $d\sigma$ の外向き単位法線ベクトル $\boldsymbol{n}$ の x および y 方向に対する方向余弦である(図 4.1)．この項は，方向微分を使って次のようにいくつかの異なる形で表現することができる．

$$\int_{\partial G}\left(\frac{\partial u}{\partial x}\cos\theta_1+\frac{\partial u}{\partial y}\cos\theta_2\right)vd\sigma$$
$$=\int_{\partial G}(\nabla u\cdot\boldsymbol{n})vd\sigma$$
$$=\int_{\partial G}\left(\frac{\partial u}{\partial x}\frac{\partial x}{\partial n}+\frac{\partial u}{\partial y}\frac{\partial y}{\partial n}\right)vd\sigma$$

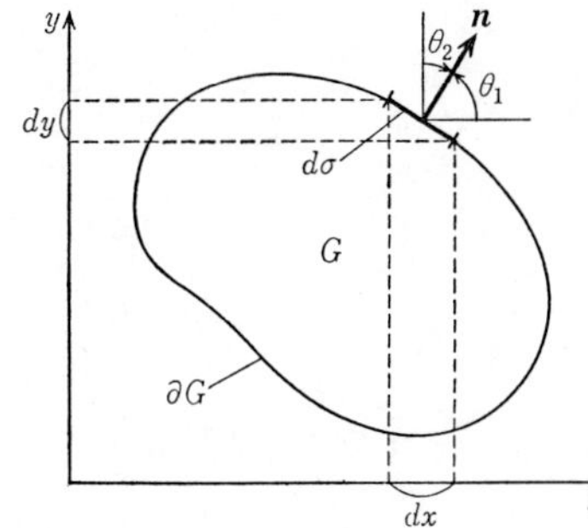

図 4.1　領域 G の境界 ∂G と外向き単位法線ベクトル $\boldsymbol{n}$

$$= \int_{\partial G} \frac{\partial u}{\partial n} v d\sigma \tag{4.1.10}$$

ただし，$\partial/\partial n$ は境界 ∂G の外向き法線方向への微分で，∇u は

$$\nabla u = \left(\frac{\partial u}{\partial x}, \frac{\partial u}{\partial y}\right) \tag{4.1.11}$$

なるベクトルである．

さて，(4.1.8)の左辺を(4.1.9)を用いて部分積分すると

$$\iint_G \left(\frac{\partial u}{\partial x}\frac{\partial v}{\partial x} + \frac{\partial u}{\partial y}\frac{\partial v}{\partial y} + quv - fv\right) dxdy - \int_{\partial G} \frac{\partial u}{\partial n} v d\sigma = 0 \tag{4.1.12}$$

となる．ここで $v \in \mathring{H}_1$，すなわち境界 ∂G 上で $v=0$ であることに注意すれば左辺第2項は0になり，結局(4.1.1)，(4.1.2)に対応する次の弱形式を得る．

$$\begin{cases} \displaystyle\iint_G \left(\frac{\partial u}{\partial x}\frac{\partial v}{\partial x} + \frac{\partial u}{\partial y}\frac{\partial v}{\partial y} + quv - fv\right) dxdy = 0, \quad {}^\forall v \in \mathring{H}_1 & (4.1.13) \\ \partial G \text{ において} \quad u = 0 & (4.1.14) \end{cases}$$

1次元のときと同様に，この方程式を一般の場合に拡張できる形に書いてみよう．まず，H_1 の関数に対して次のような双1次形式を定義する．

$$a(u, v) = \iint_G \left(\frac{\partial u}{\partial x}\frac{\partial v}{\partial x} + \frac{\partial u}{\partial y}\frac{\partial v}{\partial y} + quv\right) dxdy \tag{4.1.15}$$

また，記法を簡単にするために次の記号を導入する．

$$(f, v) = \iint_G fv dxdy \tag{4.1.16}$$

v が $\mathring{H}_1$ の元であれば f は $\mathring{H}_{-1}$ の元まで許される．$\mathring{H}_{-1}$ のノルムは(3.10.2)で定義されている．このとき，上の弱形式は，1次元の場合と全く同様に次のように書くことができる．

$$\begin{cases} a(u, v) - (f, v) = 0, \quad {}^\forall v \in \mathring{H}_1 & (4.1.17) \\ \partial G \text{ において} \quad u = 0 & (4.1.18) \end{cases}$$

§4.2　変分法に基づく定式化

われわれの問題は，次の汎関数 $J[u]$ を最小にする変分問題と同値である．

$$
\begin{cases}
J[u]=\dfrac{1}{2}\displaystyle\iint_G\left\{\left(\frac{\partial u}{\partial x}\right)^2+\left(\frac{\partial u}{\partial y}\right)^2+qu^2-2fu\right\}dxdy & (4.2.1)\\
\partial G \text{ において}\quad u=0 & (4.2.2)
\end{cases}
$$

あるいは前節の最後に導入した記法を用いれば，汎関数$J[u]$は

$$
J[u]=\frac{1}{2}a(u,u)-(f,u) \tag{4.2.3}
$$

と表される．

この変分問題の解を求めるためには，1次元の場合と同様に，(4.2.1)に停留値をとらせる関数を新たにu，εを任意の実数，ηを$\mathring{H}_1$に属す任意の関数として，試験関数

$$
u_\varepsilon=u+\varepsilon\eta \tag{4.2.4}
$$

を作ればよい．これを(4.2.1)のuに代入し，第1変分δJが0，つまりJが$\varepsilon=0$のとき停留値をとるという条件を書けば，弱形式の方程式(4.1.17)が得られる．

§4.3 楕円型の条件

さて，$J[u]$を停留にする関数が実際に$J[u]$を最小にする関数になっているか否かは，§2.3で見たように(2.3.4)の第2変分のε^2の係数が正か否か，いいかえれば双1次形式$a(u,v)$が1次元の場合と同様楕円型の条件を満たしているか否かにかかっている．ここで役に立つのが，次の**Poincaréの不等式**である．

$$
\frac{2\pi^2}{d^2}\iint_G v^2dxdy\le\iint_G\left\{\left(\frac{\partial v}{\partial x}\right)^2+\left(\frac{\partial v}{\partial y}\right)^2\right\}dxdy,\qquad \forall v\in\mathring{H}_1 \tag{4.3.1}
$$

dは領域Gに外接する長方形の対角線の長さである．

この不等式は次のようにして証明することができる．図4.2のように領域Gに外接する，x，y軸に平行な辺をもつ長方形Rを考え，その2辺の長さをそれぞれa, bとする．そして，Gの外側では$v=0$になるように関数vをR全体に拡張する．このとき，(2.5.6)において$\alpha=0$，$\beta=a$と置くと

$$
\frac{\pi^2}{a^2}\int_0^a v^2\,dx\le\int_0^a\left(\frac{\partial v}{\partial x}\right)^2dx \tag{4.3.2}
$$

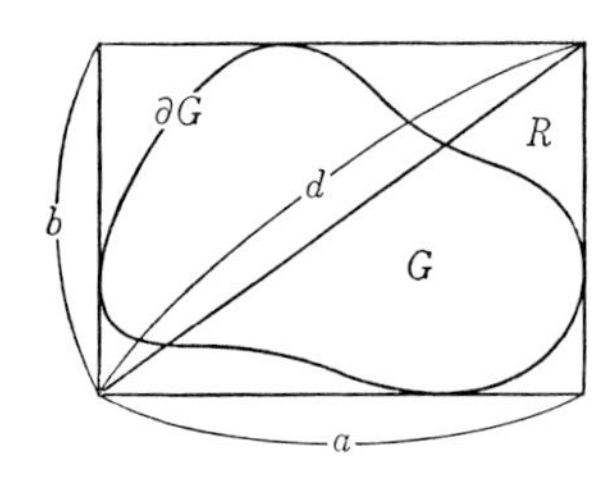

図4.2　領域 G に外接する長方形 R

となるが，これを y について積分すれば次式を得る．

$$\frac{\pi^2}{a^2}\iint_R v^2 dxdy \le \iint_R \left(\frac{\partial v}{\partial x}\right)^2 dxdy \tag{4.3.3}$$

x を y で置き換えることにより，同様の式

$$\frac{\pi^2}{b^2}\iint_R v^2 dxdy \le \iint_R \left(\frac{\partial v}{\partial y}\right)^2 dxdy \tag{4.3.4}$$

が得られるが，G の外側で $v=0$ であることに注意してこれらを加え合わせれば

$$\pi^2\left(\frac{1}{a^2}+\frac{1}{b^2}\right)\iint_G v^2 dxdy \le \iint_G \left\{\left(\frac{\partial v}{\partial x}\right)^2+\left(\frac{\partial v}{\partial y}\right)^2\right\} dxdy \tag{4.3.5}$$

となり，さらに

$$\frac{1}{a^2}+\frac{1}{b^2} \ge \frac{2}{a^2+b^2} = \frac{2}{d^2} \tag{4.3.6}$$

に注意すれば(4.3.1)が導かれる．

われわれの問題の双1次形式 $a(u,v)$ の定義は(4.1.15)で与えられているから，$q\ge 0$ より

$$\begin{aligned} a(v,v) &\ge \iint_G \left\{\left(\frac{\partial v}{\partial x}\right)^2+\left(\frac{\partial v}{\partial y}\right)^2\right\} dxdy \\ &= \frac{1}{1+\dfrac{d^2}{2\pi^2}}\iint_G \left\{\left(\frac{\partial v}{\partial x}\right)^2+\left(\frac{\partial v}{\partial y}\right)^2\right\}\left(1+\frac{d^2}{2\pi^2}\right) dxdy \end{aligned} \tag{4.3.7}$$

が成り立ち，これと(4.3.1)より $a(u,v)$ に対する次の**楕円型の条件**が導かれる．

$$\gamma\|v\|_1{}^2 \le a(v,v), \qquad {}^\forall v \in \mathring{H}_1 \tag{4.3.8}$$

ただし，

$$\gamma=\frac{1}{1+\dfrac{d^2}{2\pi^2}} \tag{4.3.9}$$

である．

こうして，(2.3.4)の第2変分に対応する項の ε^2 の係数が $u\in\mathring{H}_1$ に対して正になり，$J[u_\varepsilon]$ は確かに解 u において最小値をとることが結論される．

§4.4　領域の三角形分割と基底関数

弱形式の方程式(4.1.13)が得られているので，次になすべきことは2次元の有限要素法に適した基底関数を構成することである．

曲線状の境界をもつ領域での有限要素法では，境界の形状をたとえば多角形で近似しなければならないという新たな状況が生ずる．ここではこの近似の問題が入り込むのを避けるために，はじめから領域 G は平面上の多角形であるとして議論を進めることにする．

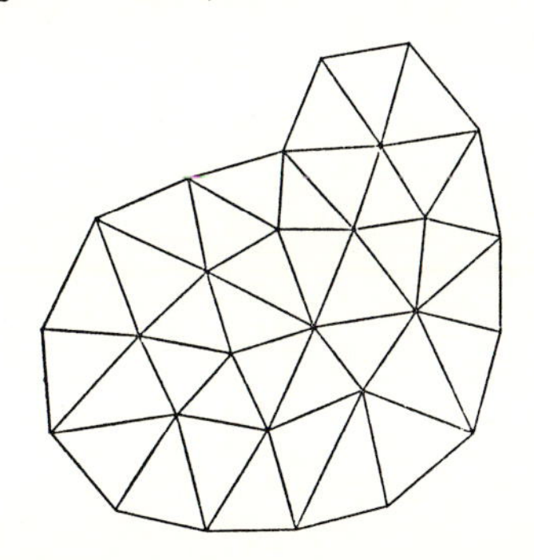

図 4.3　多角形領域 G の三角形分割

多角形領域 G を，図4.3のように小三角形に分割する．境界上の頂点はいくつかの小三角形の頂点に一致するようにする．また，境界の辺上に小三角形の頂点がきてもよいが，小三角形の辺上に他の小三角形の頂点がくるような分割は行わないものとする．この小三角形を有限要素法の**三角形要素**，そして各小三角形の頂点を**節点**と呼ぶ．節点には適当に番号を付けておく．隣り合う節点はなるべく近接した番号になっているように番号付けを行っておくと都合が良いことが，後で明らかになる．

領域の分割は必ずしも三角形でなくてもよい．たとえば，領域が長方形の場合には，これを小さな長方形要素に分割し，その分割に基づいて基底関数を構成することも可能である．しかし，このような分割と三角形分割との間には技術的な差はあっても原理的な差は存在しないと考えられるので，以下本書では三角形分割のみを考察する．

§4.5　2次元の基底関数と有限要素解

第k番目の節点のみで値が1，他のすべての節点では値が0，そして各三角形要素内では平らな面であるようなピラミッド型の関数を$\hat{\varphi}_k(x, y)$とする(図4.4)．すなわち，第j番目の節点の座標を(x_j, y_j)とするとき，$\hat{\varphi}_k(x, y)$は次の関係を満たす区分的1次関数である．

$$\hat{\varphi}_k(x_j, y_j) = \begin{cases} 1 \ ; & j = k \\ 0 \ ; & j \neq k \end{cases} \tag{4.5.1}$$

この関数が，2次元の問題に対して用いられる最も簡単かつ重要な基底関数である．境界で0でない値をとる関数を記述するためには，境界上の特定の節点で1，他の節点で0，そして領域の外部では恒等的に0とした基底関数を使用すればよい．

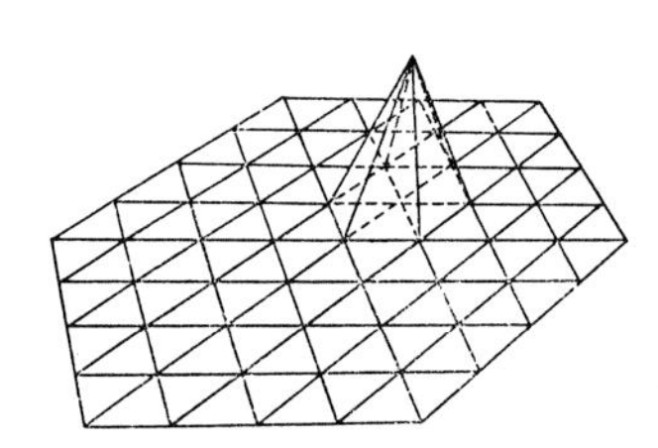

図4.4　区分的1次の基底関数$\hat{\varphi}_k(x, y)$

境界上にない節点，すなわち内部節点の個数をnとするとき，

$$\hat{u}_n(x, y) = \sum_{j=1}^{n} a_j \hat{\varphi}_j(x, y) \tag{4.5.2}$$

が(4.1.13), (4.1.14)に対する試験関数となる．この関数は，図4.5に示すように，境界で0で，各三角形要素の辺上で直線，内部では平らな面状の連続な構造をもつ．1次元の場合にもそうであったように，係数a_jは$\hat{u}_n(x, y)$の第j節点における値自体に一致する．つまり，

$$a_j = \hat{u}_n(x_j, y_j) \tag{4.5.3}$$

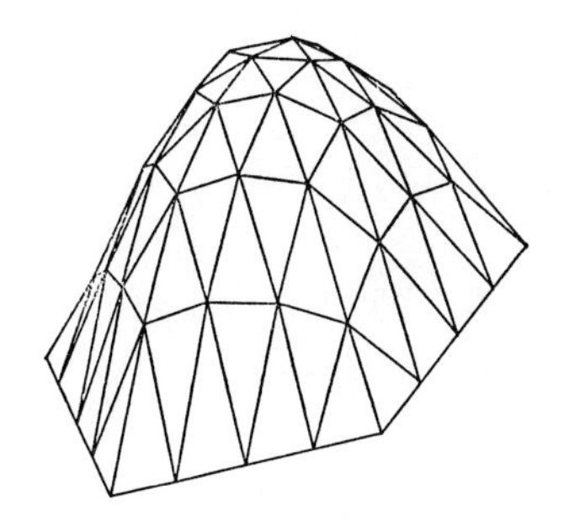

図 4.5　区分的1次の試験関数 $\hat{u}_n(x, y)$

を満足する．これは $\hat{u}_n(x, y)$ の物理的意味を考える上できわめて好都合である．

n 個の内部節点は固定した上で，$\{a_j\}$ をいろいろ変えたとき (4.5.2)の形で表される関数全体の成す空間を $\mathring{K}_n$ と書こう．これが $\mathring{H}_1$ の n 次元部分空間であることは明らかであろう．

方程式(4.1.13)の近似解を求めるとき，われわれは問題を n 次元部分空間 $\mathring{K}_n$ の中で考えているのであるから，(4.1.13)の v としては1次独立な n 個の $\hat{\varphi}_j(x, y)$, $j=1, 2, \cdots, n$ をとれば十分である．こうして，(4.1.13)は次の近似方程式で置き換えられる．

$$\left\{\begin{array}{ll}\displaystyle\iint_G\left(\frac{\partial\hat{u}_n}{\partial x}\frac{\partial\hat{\varphi}_j}{\partial x}+\frac{\partial\hat{u}_n}{\partial y}\frac{\partial\hat{\varphi}_j}{\partial y}+q\hat{u}_n\hat{\varphi}_j-f\hat{\varphi}_j\right)dxdy=0, \quad j=1,2,\cdots,n & (4.5.4)\\ \partial G \text{ において} \quad \hat{u}_n=0 & (4.5.5)\end{array}\right.$$

あるいは(4.1.17)の形を使えば

$$\left\{\begin{array}{lll}a(\hat{u}_n, \hat{\varphi}_j)-(f, \hat{\varphi}_j)=0, & j=1,2,\cdots,n & (4.5.6)\\ \partial G \text{ において} \quad \hat{u}_n=0 & & (4.5.7)\end{array}\right.$$

となる．

この方程式に(4.5.2)を代入すれば，次の連立1次方程式を得る．

$$(K+M)\boldsymbol{a}=\boldsymbol{f} \qquad (4.5.8)$$

$\boldsymbol{a}$ は a_j を第 j 成分とする n 次元ベクトルであり，$\boldsymbol{f}$ は

$$f_j=\iint_G f(x, y)\hat{\varphi}_j(x, y)dxdy \qquad (4.5.9)$$

を第 j 成分とする n 次元ベクトルである．また，行列 K と M は，それぞれ

$$K_{ij}=\iint_G\left(\frac{\partial\hat{\varphi}_i}{\partial x}\frac{\partial\hat{\varphi}_j}{\partial x}+\frac{\partial\hat{\varphi}_i}{\partial y}\frac{\partial\hat{\varphi}_j}{\partial y}\right)dxdy \tag{4.5.10}$$

$$M_{ij}=\iint_G q\hat{\varphi}_i\hat{\varphi}_j dxdy \tag{4.5.11}$$

を第 ij 成分とする $n\times n$ 行列である．1次元の場合と同様，K および M はそれぞれ伝統的に**剛性行列**および**質量行列**と呼ばれている．

行列 K および M は明らかに対称である．また，b_j を第 j 成分とする任意の n 次元ベクトルを $\boldsymbol{b}$ とするとき，$\boldsymbol{b}\neq\boldsymbol{0}$ であれば

$$\boldsymbol{b}^T K\boldsymbol{b}=\iint_G\left\{\left(\sum_{j=1}^n b_j\frac{\partial\hat{\varphi}_j}{\partial x}\right)^2+\left(\sum_{j=1}^n b_j\frac{\partial\hat{\varphi}_j}{\partial y}\right)^2\right\}dxdy>0 \tag{4.5.12}$$

が成り立つ．したがって，K が正定値であることがわかる．さらに，$q\geq 0$ より M が $\boldsymbol{b}^T M\boldsymbol{b}\geq 0$ を満たすことも明らかであろう．したがって，$K+M$ は正定値であるから(4.5.8)は解くことができて，その解 a_j を(4.5.2)に代入すれば有限要素解 $\hat{u}_n$ が得られることになる．

基底関数 $\hat{\varphi}_j(x,y)$ が0でない値をもつ領域がごく狭い範囲に限られているので行列 $K+M$ の成分は大部分が0であるが，非零成分の分布は節点の番号の付け方に大きく依存する．基底関数 $\hat{\varphi}_j$ の形状から，第 j 節点と第 k 節点が同一のものか，あるいは隣接していない限り，行列成分 $(K+M)_{jk}$ が0になることは明らかであろう．したがって，全体として隣接する節点にはなるべく近い番号を付けるようにすれば，行列 $K+M$ の対角線近くに非零成分を集中させることができるわけである．有限要素法における連立1次方程式の標準的解法の一つとして，Gaussの消去法がある．Gaussの消去法を実際に適用するとき，計算の効率向上および記憶場所の節約という観点からは，非零成分がなるべく行列の対角線近くに集中していることが望ましいので，節点番号の付け方には十分注意を払う必要がある．

§4.6　自然な境界条件と混合型境界条件

これまで扱ってきた問題の境界条件は，境界上で値が0である斉次Dirichlet条件であった．それに対し，ここでは領域 G の境界 ∂G において少々複雑な境界条件をもつ，次の問題を考察しよう．境界 ∂G を二つの部分 ∂G_1 と ∂G_2

に分ける.

$$\begin{cases} -\Delta u+qu=f & (4.6.1) \\ \partial G_1 \text{ において} \quad u=0 & (4.6.2) \\ \partial G_2 \text{ において} \quad \dfrac{\partial u}{\partial n}+\alpha(x,y)u+\beta(x,y)=0 & (4.6.3) \end{cases}$$

ここでも $q\geq 0$ を仮定する. $\partial/\partial n$ は境界 ∂G_2 における外向き法線方向への微分である. 条件(4.6.2)は Dirichlet 条件であるが, 条件(4.6.3)は実は以下に述べる意味で**自然な境界条件**であることが次のようにしてわかる.

ノルムが

$$\|v\|_1=\iint_G\left\{\left(\frac{\partial v}{\partial x}\right)^2+\left(\frac{\partial v}{\partial y}\right)^2+v^2\right\}dxdy \qquad (4.6.4)$$

で定義され, かつ境界 ∂G_1 上では値が 0 になる関数全体の成す空間を, 本節では $H_1{}^*$ と書こう. 境界 ∂G_2 上では何の制限も置かない. $H_1{}^*$ に属す関数 v を(4.6.1)の両辺に乗じ, G で積分し, 部分積分を行って Green の公式(4.1.9)および境界条件(4.6.2), (4.6.3)を使うと, (4.6.1)-(4.6.3)に対応する次の弱形式が導かれる.

$$\begin{cases} \displaystyle\iint_G\left(\frac{\partial u}{\partial x}\frac{\partial v}{\partial x}+\frac{\partial u}{\partial y}\frac{\partial v}{\partial y}+quv-fv\right)dxdy+\int_{\partial G_2}(\alpha u+\beta)vd\sigma=0, \quad {}^\forall v\in H_1{}^* & (4.6.5) \\ \partial G_1 \text{ において} \quad u=0 & (4.6.6) \end{cases}$$

ここで, $u,v\in H_1{}^*$ に対する双 1 次形式 $a(u,v)$ と境界積分 $\langle\alpha u+\beta,v\rangle$ を

$$\begin{cases} a(u,v)=\displaystyle\iint_G\left(\frac{\partial u}{\partial x}\frac{\partial v}{\partial x}+\frac{\partial u}{\partial y}\frac{\partial v}{\partial y}+quv\right)dxdy \\ \langle\alpha u+\beta,v\rangle=\displaystyle\int_{\partial G_2}(\alpha u+\beta)vd\sigma \end{cases} \qquad (4.6.7)$$

によって定義すれば, (4.6.5), (4.6.6)は次のように表される.

$$\begin{cases} a(u,v)+\langle\alpha u+\beta,v\rangle-(f,v)=0, \quad {}^\forall v\in H_1{}^* & (4.6.8) \\ \partial G_1 \text{ において} \quad u=0 & (4.6.9) \end{cases}$$

弱形式(4.6.5)をもとの向きに部分積分して(4.6.2)を使えば

$$\iint_G(-\Delta u+qu-f)vdxdy+\int_{\partial G_2}\left(\frac{\partial u}{\partial n}+\alpha u+\beta\right)vd\sigma=0 \quad (4.6.10)$$

となる．まず，$v\in H_1^*$ としてとくに ∂G_2 で $v=0$ を満たす任意の v をとれば(4.6.1)が得られ，これから(4.6.10)の左辺第1項は0になる．さらに，∂G_2 で任意の値をとる任意の $v\in H_1^*$ に対して(4.6.10)の左辺第2項が0になるという条件から，(4.6.3)が自然に導かれる．すなわち，(4.6.3)は自然な境界条件になっているのである．

この境界条件はまた，次の汎関数 $J[u]$ を最小にする変分問題と同値であることは容易に確かめられよう．

$$\begin{cases} J[u]=\dfrac{1}{2}a(u,u)+\langle\alpha u+\beta,u\rangle-(f,u) & (4.6.11) \\ \partial G_1 \text{において} \quad u=0 & (4.6.12) \end{cases}$$

Dirichlet条件と自然な境界条件の混在する(4.6.2)，(4.6.3)のような条件を，**混合型境界条件**という．

自然な境界条件は，(4.6.5)の解あるいは(4.6.11)を最小にする解によって自然に満足される．したがって，すでに述べたように，(4.6.5)に有限要素法を適用するとき，∂G_1 における条件(4.6.2)は試験関数 $\hat{u}_n$ が満たすようにしなければならないが，∂G_2 における条件(4.6.3)は試験関数 $\hat{u}_n$ に考慮に入れる必要がない．たとえば，図4.6の領域で(4.6.1)-(4.6.3)を解く場合には，∂G_2 上にある節点を含む黒丸を付した n(=15)個の節点における値を a_j，$j=1,2,\cdots,n$ にとって解(4.5.2)を構成し，これを(4.6.5)に対応する近似方程式

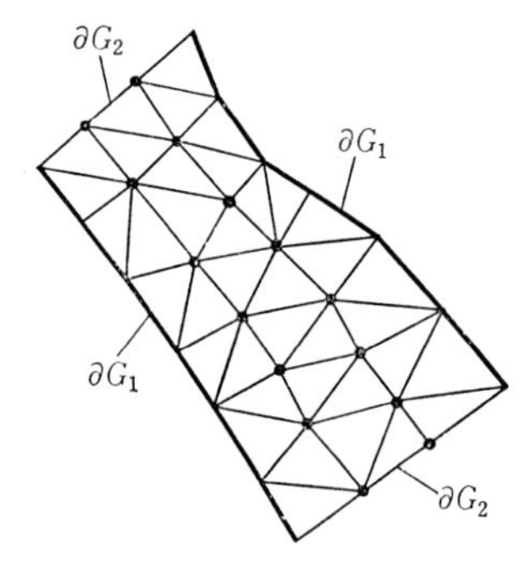

図4.6　境界 ∂G_1 および ∂G_2

$$\iint_G \left(\frac{\partial \hat{u}_n}{\partial x}\frac{\partial \hat{\varphi}_k}{\partial x}+\frac{\partial \hat{u}_n}{\partial y}\frac{\partial \hat{\varphi}_k}{\partial y}+q\hat{u}_n\hat{\varphi}_k\right)dxdy+\int_{\partial G_2}\alpha\hat{u}_n\hat{\varphi}_k d\sigma$$
$$=\iint_G f\hat{\varphi}_k dxdy-\int_{\partial G_2}\beta\hat{\varphi}_k d\sigma, \qquad k=1,2,\cdots,n \tag{4.6.13}$$

に代入すればよい．その場合，∂G_2 上の節点に対応する基底関数は，領域 G の外では恒等的に 0 とみなして扱うことはいうまでもない．$\hat{u}_n$ として(4.5.2)を代入すれば，$a_1, a_2, \cdots, a_n$ に関する次の連立 1 次方程式が導かれる．

$$\sum_{j=1}^{n}\left(K_{kj}+M_{kj}+\int_{\partial G_2}\alpha\hat{\varphi}_k\hat{\varphi}_j d\sigma\right)a_j=f_k-\int_{\partial G_2}\beta\hat{\varphi}_k d\sigma \tag{4.6.14}$$

ここで，K_{kj}, M_{kj}, f_k はそれぞれ(4.5.10), (4.5.11), (4.5.9)で定義される行列成分およびベクトル成分である．この連立 1 次方程式を $\{a_j\}$ について解くことによって，有限要素解 $\hat{u}_n$ を得ることができる．

§4.7　非斉次 Dirichlet 境界条件

境界条件が非斉次 Dirichlet 条件である，次の問題を考察しておこう．

$$\begin{cases} -\Delta u+qu=f & (4.7.1) \\ \partial G \text{ において} \quad u=g(x,y) & (4.7.2) \end{cases}$$

このような境界条件の取り扱いには，いく通りかの方法が考えられる．第 1 に考えられる方法は，境界 ∂G 上の節点も含むすべての節点に関する基底関数を使って近似関数を

$$\hat{u}_n(x,y)=\sum_{j=1}^{n+\nu}a_j\hat{\varphi}_j(x,y) \tag{4.7.3}$$

の形に表現する方法である．ただし，ここでは簡単のために節点には 1 番目から n 番目までは内部節点，$n+1$ 番目から $n+\nu$ 番目までは境界上の節点になるように番号を付してあるものとする．この関数が境界上のすべての節点 $P(x_l, y_l)$, $l=n+1, \cdots, n+\nu$ において(4.7.2)を満たすように

$$\sum_{j=1}^{n+\nu}a_j\hat{\varphi}_j(x_l,y_l)=g(x_l,y_l), \qquad l=n+1,\cdots,n+\nu \tag{4.7.4}$$

すなわち

$$a_l=g_l\equiv g(x_l,y_l) \tag{4.7.5}$$

と置く．この操作により，有限要素解 $\hat{u}_n$ は次の形に表現されたことになる．

$$\hat{u}_n(x,y)=\sum_{j=1}^{n}a_j\hat{\varphi}_j(x,y)+\sum_{j=n+1}^{n+\nu}g_j\hat{\varphi}_j(x,y) \tag{4.7.6}$$

この $\hat{u}_n$ を方程式(4.7.1)の u に代入し，両辺に内部節点に対応する $\hat{\varphi}_k$，$k=1,2,\cdots,n$ を乗じて積分する．そして部分積分を実行すると，次の方程式を得る．

$$\begin{aligned}\sum_{j=1}^{n}a_j\iint_G\left(\frac{\partial\hat{\varphi}_j}{\partial x}\frac{\partial\hat{\varphi}_k}{\partial x}+\frac{\partial\hat{\varphi}_j}{\partial y}\frac{\partial\hat{\varphi}_k}{\partial y}+q\hat{\varphi}_j\hat{\varphi}_k\right)dxdy\\+\sum_{j=n+1}^{n+\nu}g_j\iint_G\left(\frac{\partial\hat{\varphi}_j}{\partial x}\frac{\partial\hat{\varphi}_k}{\partial x}+\frac{\partial\hat{\varphi}_j}{\partial y}\frac{\partial\hat{\varphi}_k}{\partial y}+q\hat{\varphi}_j\hat{\varphi}_k\right)dxdy=\iint_G f\hat{\varphi}_k dxdy,\\k=1,2,\cdots,n\end{aligned} \tag{4.7.7}$$

ここで，部分積分を実行する際に現れる境界積分の項は，内部節点に対応する φ_k，$k=1,2,\cdots,n$ が境界 ∂G ですべて0になることから消えている．既知の境界値をもつ項を右辺に移項すれば，結局 $a_1,a_2,\cdots,a_n$ を未知数とする次の n 元連立1次方程式が導かれる．

$$\sum_{j=1}^{n}(K_{kj}+M_{kj})a_j=-\sum_{j=n+1}^{n+\nu}(K_{kj}+M_{kj})g_j+f_k,\qquad k=1,2,\cdots,n \tag{4.7.8}$$

ただし，K_{kj}, M_{kj}, f_k はそれぞれ(4.5.10), (4.5.11), (4.5.9)で定義される行列成分およびベクトル成分である．この連立1次方程式を $\{a_j\}$ について解くことにより，有限要素解 $\hat{u}_n$ を得ることができる．

このようにして求められた $\hat{u}_n$ の境界 ∂G に沿う値は，節点では g と一致するが，節点以外では1次関数であって一般には与えられた関数 g の値とは一致しない．したがって，(4.7.4)の条件を課しても与えられた境界条件を正確には満たしてはいないという意味で，$\hat{u}_n$ は厳密な意味での許容関数になっていないことに注意する必要がある．

§4.8　ペナルティ法

非斉次 Dirichlet 境界条件を処理するための第2の方法は，境界条件の2乗の積分に未定乗数を乗じて汎関数に加え，この和を最小にする，いわゆる Lagrange 乗数法に類似の方法である．いま，λ を正の定数として，新たに次の汎関数を導入する.

$$J_\lambda[u]=\frac{1}{2}\iint_G\left\{\left(\frac{\partial u}{\partial x}\right)^2+\left(\frac{\partial u}{\partial y}\right)^2+qu^2-2fu\right\}dxdy+\frac{1}{2}\lambda D[u] \tag{4.8.1}$$

$$D[u]=\int_{\partial G}(u-g)^2d\sigma \tag{4.8.2}$$

ここでの許容関数の空間は§4.1で導入したH_1である. λがLagrange乗数に対応するパラメータであるが, ここではこれは定数に固定しておく. Lagrange乗数法は第14章で詳しく説明する.

uの変分をδuとしよう. ここでは, 境界∂G上で$\delta u=0$という条件は仮定しない. いま, $J_\lambda[u+\delta u]-J_\lambda[u]$を作ると

$$\begin{aligned}&J_\lambda[u+\delta u]-J_\lambda[u]\\&=\iint_G\left(\frac{\partial u}{\partial x}\frac{\partial\delta u}{\partial x}+\frac{\partial u}{\partial y}\frac{\partial\delta u}{\partial y}+qu\delta u-f\delta u\right)dxdy+\lambda\int_{\partial G}(u-g)\delta ud\sigma\\&\quad+\frac{1}{2}\iint_G\left[\left(\frac{\partial\delta u}{\partial x}\right)^2+\left(\frac{\partial\delta u}{\partial y}\right)^2+q(\delta u)^2\right]dxdy\\&\quad+\frac{1}{2}\lambda\int_{\partial G}(\delta u)^2d\sigma\end{aligned} \tag{4.8.3}$$

となるが, ここでuの2回微分可能性を仮定すれば, (4.1.9), (4.1.10)より

$$\begin{aligned}J_\lambda[u+\delta u]-J_\lambda[u]&=\iint_G(-\Delta u+qu-f)\delta udxdy+\lambda\int_{\partial G}\left(u-g+\frac{1}{\lambda}\frac{\partial u}{\partial n}\right)\delta ud\sigma\\&\quad+\frac{1}{2}\iint_G\left[\left(\frac{\partial\delta u}{\partial x}\right)^2+\left(\frac{\partial\delta u}{\partial y}\right)^2+q(\delta u)^2\right]dxdy+\frac{1}{2}\lambda\int_{\partial G}(\delta u)^2d\sigma\end{aligned} \tag{4.8.4}$$

が導かれる. $J_\lambda[u]$を最小にするuに対して, 第1変分は

$$\delta J_\lambda[u]=\iint_G(-\Delta u+qu-f)\delta udxdy+\lambda\int_{\partial G}\left(u-g+\frac{1}{\lambda}\frac{\partial u}{\partial n}\right)\delta ud\sigma=0 \tag{4.8.5}$$

となる必要があるが, まずδuとしてとくに∂G上で0になる任意の変分をとれば(4.7.1)が導かれ, 次に∂G上で任意の値をとる任意の変分δuを選べば**自然境界条件**として

$$\partial G \text{ において} \qquad u+\frac{1}{\lambda}\frac{\partial u}{\partial n}=g \tag{4.8.6}$$

が導かれる．λ を十分大きな値にとれば，(4.8.6)は与えられた境界条件(4.7.2)に近づくことに注意しよう．

そこで，λ を適当な大きな正の値に選び，$u \in H_1$ なる関数に対して汎関数 $J_\lambda[u]$ を最小にすれば，近似的に境界条件(4.7.2)を満たす解が求められることになる．汎関数の差分(4.8.3)あるいは(4.8.4)の2次の項，すなわち第2変分は，解 u の近くで正であるから，この解は確かに $J_\lambda[u]$ の最小値を与える．ここでは(4.8.6)は自然境界条件であるから，$J_\lambda[u]$ を最小にする変分問題において(4.8.6)は試験関数には考慮に入れる必要がない．

$J_\lambda[u]$ を最小にする代りに，実際には(4.8.3)の第1変分 $\delta J_\lambda=0$ に対応する弱形式の方程式

$$\iint_G\left(\frac{\partial u}{\partial x}\frac{\partial v}{\partial x}+\frac{\partial u}{\partial y}\frac{\partial v}{\partial y}+quv-fv\right)dxdy+\lambda\int_{\partial G}(u-g)vd\sigma = 0, \qquad {}^\forall v \in H_1 \tag{4.8.7}$$

を解けばよい．具体的には，λ を適当に大きな正の値に定めた上で，境界上の節点を含むすべての節点に関する基底関数を使って近似解を(4.7.3)の形に構成し，これを(4.8.7)に対応する近似方程式

$$\begin{aligned}\iint_G\left(\frac{\partial \hat{u}_n}{\partial x}\frac{\partial \hat{\varphi}_j}{\partial x}+\frac{\partial \hat{u}_n}{\partial y}\frac{\partial \hat{\varphi}_j}{\partial y}+q\hat{u}_n\hat{\varphi}_j\right)dxdy+\lambda\int_{\partial G}\hat{u}_n\hat{\varphi}_jd\sigma \\ =\iint_G f\hat{\varphi}_jdxdy+\lambda\int_{\partial G}g\hat{\varphi}_jd\sigma, \qquad j=1,2,\cdots,n+\nu\end{aligned} \tag{4.8.8}$$

に代入する．そして，得られる $\{a_j\}$ に関する $n+\nu$ 元連立1次方程式を解けば，有限要素近似解(4.7.3)の係数が求められる．

汎関数(4.8.1)において λ を正の大きな値にとっておくと，$J_\lambda[u]$ を最小にしようという努力が，$\lambda D[u]$ の項，つまり λ にかかっている $D[u]$ を小さくする方向へ働き，結果として境界で u を g に近くするという効果をもたらすのである．いいかえれば，$\lambda D[u]$ というペナルティ(罰金)を汎関数に課すと，$J_\lambda[u]$ の最小化はこのペナルティを軽減させようという方向へ働くわけである．その意味で，このように付加条件の積分に大きな λ を乗じて汎関数に加えて最小化を行う方

法を，**ペナルティ法**(penalty method)という．

境界条件に限らず，与えられた付加条件をペナルティの形でもとの汎関数に組み込むペナルティ法は，付加条件の処理法として概して有効な結果を与えることが多い．ただし，一般の問題では，$J_\lambda[u]$の第2変分がその汎関数を停留にする関数の近くで正になるとは限らず，そこで$J_\lambda[u]$が最小になっているとは限らないことに注意しなければならない．したがって，前章で述べたような汎関数の最小性に基づく有限要素解の誤差評価は，そのような場合には適用することはできない．

§4.9 解析的な非斉次 Dirichlet 境界条件

境界条件(4.7.2)を与える関数$g(x, y)$がx, yの関数として解析的な形で与えられている場合を考えよう．このとき，

$$\partial G \text{ において} \qquad w(x, y) = g(x, y) \tag{4.9.1}$$

を満たしかつGの内部で微分ができる既知の適当な解析的な関数wを選び，近似解$\hat{u}_n$を内部節点のみに対応する基底関数を使って

$$\hat{u}_n(x, y) = \sum_{j=1}^{n} a_j \hat{\varphi}_j(x, y) + w(x, y) \tag{4.9.2}$$

と置く．右辺第1項の和は境界∂G上では0になるから，$\hat{u}_n(x, y)$は境界条件(4.7.2)を満たす．これを弱形式の方程式(4.5.4)に代入することにより，$\hat{u}_n$を求めることができる．

§4.10 混合型境界条件をもつ例題

本節では，非斉次な Dirichlet 境界条件と自然な境界条件をもつ次のような混合型境界条件の問題について述べておこう．ここでも問題の領域はGであるとし，その境界は∂G_1と∂G_2の2種類に分けられるものとする．

$$\begin{cases} -\Delta u + qu = f & (4.10.1) \\ \partial G_1 \text{ において} \quad u = g & (4.10.2) \\ \partial G_2 \text{ において} \quad \dfrac{\partial u}{\partial n} + \alpha(x, y)u + \beta(x, y) = 0 & (4.10.3) \end{cases}$$

有限要素解$\hat{u}_n$を，§4.7で述べた方針に従って

$$\hat{u}_n(x, y) = \sum_{j=1}^{n} a_j \hat{\varphi}_j(x, y) + \sum_{j=n+1}^{n+\nu} g_j \hat{\varphi}_j(x, y) \tag{4.10.4}$$

の形に求めることにしよう．1からnまでが内部節点および∂G_2上の節点の番号，$n+1$から$n+\nu$までが∂G_1上の節点の番号である．また，

$$g_j = g(x_j, y_j), \qquad j = n+1, \cdots, n+\nu \tag{4.10.5}$$

である．この$\hat{u}_n$を(4.10.1)のuに代入し，両辺に$\hat{\varphi}_k$，$k=1, 2, \cdots, n$を乗じてGで積分する．そして，部分積分を行って(4.10.3)の関係を利用すると，最終的に$\{a_j\}$に関する次の連立1次方程式が導かれる．

$$\sum_{j=1}^{n}\left(K_{kj} + M_{kj} + \int_{\partial G_2} \alpha \hat{\varphi}_k \hat{\varphi}_j d\sigma\right) a_j = f_k - \sum_{j=n+1}^{n+\nu} (K_{kj} + M_{kj}) g_j$$
$$- \int_{\partial G_2} \left(\sum_{j=n+1}^{n+\nu} \alpha g_j \hat{\varphi}_j + \beta\right) \hat{\varphi}_k d\sigma, \qquad k = 1, 2, \cdots, n \tag{4.10.6}$$

右辺第3項における和は境界∂G_1上の節点に関するものであるが，そのうち実際に0にならずに残るのは境界∂G_2に隣接する節点に関する項だけである．

求めるべき未知数は，内部節点および境界∂G_2上の節点における合計n個のa_j，$j=1, 2, \cdots, n$である．それに対して，それらを決定すべき条件式は，これらn個の節点における$\hat{\varphi}_k$を乗じて積分して得たn個の1次方程式である．こうして，未知数と方程式の数が一致し，矛盾なくこの方程式を解くことができるのである．得られた$\{a_j\}$を(4.10.4)に代入することによって，有限要素解を得ることができる．

上に述べた方法を，次のようなPoisson方程式の簡単なモデル問題に適用してみよう．問題の領域Gは$0 \leq x$，$y \leq 1$なる正方領域とする．

$$\left\{\begin{array}{lr}
\dfrac{\partial^2 u}{\partial x^2} + \dfrac{\partial^2 u}{\partial y^2} = 1 & (4.10.7) \\
u(x, 0) = 0, \qquad 0 \leq x \leq 1 & (4.10.8) \\
u(x, 1) = x, \qquad 0 \leq x \leq 1 & (4.10.9) \\
\dfrac{\partial u}{\partial n}(0, y) = -\dfrac{\partial u}{\partial x}(0, y) = 0, \qquad 0 < y < 1 & (4.10.10) \\
\dfrac{\partial u}{\partial n}(1, y) = \dfrac{\partial u}{\partial x}(1, y) = 0, \qquad 0 < y < 1 & (4.10.11)
\end{array}\right.$$

x軸に平行な境界∂G_1に沿ってDirichlet境界条件，y軸に平行な境界∂G_2に

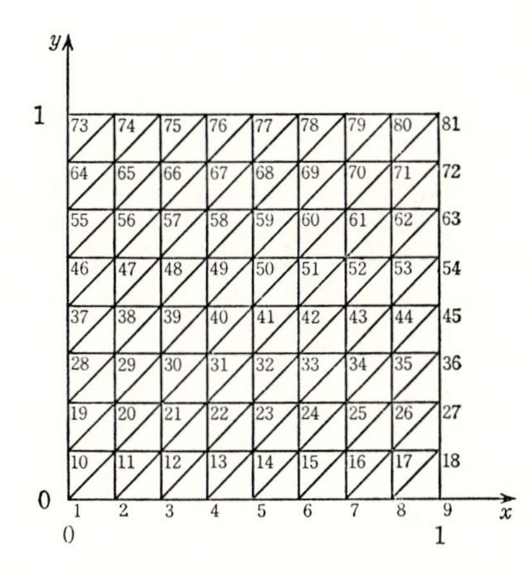

図 4.7　領域の三角形分割と節点の番号付け

沿って自然な境界条件が与えられている．条件(4.10.9)は非斉次 Dirichlet 境界条件であり，また(4.10.3)の α および β はここでは 0 である．

領域 G を x, y 方向共に 8 等分して三角形要素に分割し，図 4.7 に示したように節点に番号を付ける．番号 $1, 2, \cdots, 9$ および $73, 74, \cdots, 81$ の節点が境界 ∂G_1 に属し，番号 $10, 19, \cdots, 64$ および $18, 27, \cdots, 63, 72$ の節点が境界 ∂G_2 に属す．有限要素解を(4.10.4)に従って

$$\hat{u}_n(x, y) = \sum_{j=10}^{72} a_j \hat{\varphi}_j(x, y) + \left(\sum_{j=1}^{9} + \sum_{j=73}^{81}\right) g_j \hat{\varphi}_j(x, y) \qquad (4.10.12)$$

と置くことにしよう．∂G_1 に属す節点での g_j の値は，(4.10.8), (4.10.9)より

$$\begin{cases} g_j = 0, & j = 1, 2, \cdots, 9 \\ g_j = \dfrac{1}{8} \times (j-73), & j = 73, 74, \cdots, 81 \end{cases} \qquad (4.10.13)$$

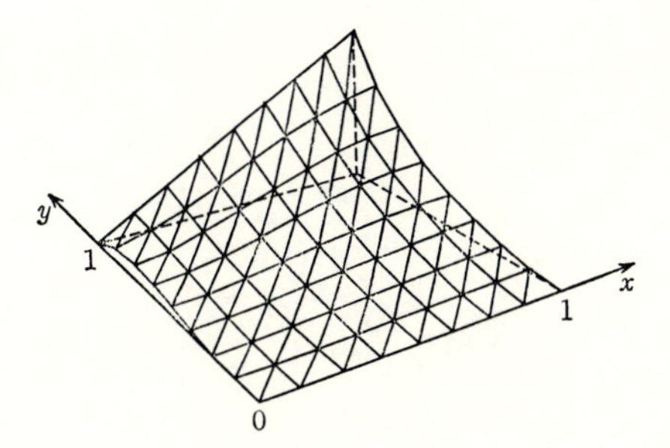

図 4.8　有限要素解 $\hat{u}_n(x, y)$

で与えられる．求めるべき未知の値は，内部節点および境界 ∂G_2 上の節点に対応する合計 $n=63$ 個の $a_{10}, a_{11}, \cdots, a_{72}$ である．

これらの未知数に関する連立1次方程式(4.10.6)を解くことにより，有限要素解 $\hat{u}_n$ を得ることができる．得られた $\hat{u}_n$ を図4.8に図示した．境界 ∂G_2 に沿って，自然な境界条件 $\partial u/\partial n=0$ がほぼ満たされていることが見てとれる．

§4.11　連立1次方程式の解法

これまで見てきたように，有限要素法では連立1次方程式を解くことが重要な課題になる．連立1次方程式の数値解法の詳細については他書にゆずって本書では述べないが，ここで留意すべき事項について簡単にふれておこう．

有限要素法に現れる連立1次方程式の大きな特徴は，第1に係数行列の次元が大きいこと，第2に係数行列が疎(sparse)，すなわち非零成分の割合がごく小さいことである．たとえば，前節に示したようなごく簡単な問題であっても，係数行列の大きさは 63×63 で，成分の数は3969になる．領域の分割をさらに細かくすれば，その次元数が急速に増大することは容易に理解されよう．ところが，その係数行列の非零成分の割合はごく小さく，一般にそれらは対角線の比較的近くに集中する．前節の例における係数行列において，節点が隣接するために行列成分が非零になる可能性のある部分を図示すると，図4.9のようになる．黒い部分が非零成分である．その数は415で，全成分の約10.5%にすぎない．

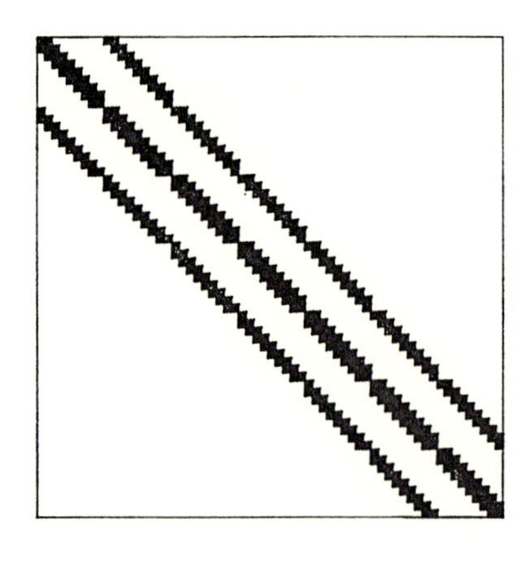

図4.9　係数行列の非零成分の分布

このように，有限要素法に現れる連立1次方程式の係数行列は一般に非零成分が対角線に沿って帯状に並ぶ．その意味で，このような行列を**帯行列**(band matrix)と呼ぶ．そして，対角線から最も遠い非零成分までの距離を**半帯幅**(half band width)という．半帯幅をwとすると，対称行列ならば$2w+1$がその係数行列の**帯幅**となる．前節の例でいえば，半帯幅は10，帯幅は21である．この半帯幅が，はじめに実行した節点の番号付けに深く関係していることは明らかであろう．半帯幅が10になったのは，節点番号が9を周期として折り返しているからである．このことからも，隣接する接点にはなるべく近い番号を付した方が半帯幅が小さくなることが理解されよう．

さて，連立1次方程式の数値解法には，大別して直接解法と反復解法がある．**直接解法**は，係数行列に直接に四則演算をほどこしながら有限回の演算で解を求める方法で，最も重要かつよく使われる方法は**Gauss消去法**である．Gauss消去法は，与えられた係数行列を左下三角行列Lと右上三角行列Uの積LUに分解することに相当し，したがって**LU分解法**と呼ばれることもある．Gauss消去法の数値計算プログラムは，非零成分の存在に無関係な一般の行列について作成されているのがふつうであるが，有限要素法に現れる係数行列は次元数が大きくかつ疎な帯行列であるから，有限要素法で使用する場合には，計算効率の向上とメモリの節約のために，必ず帯行列用に修正したGauss消去法を使用しなければならない．

連立1次方程式のもう一つの解法である**反復解法**は，与えられた係数行列をうまく変形して反復行列を作り，これを適当な初期ベクトルに次々に乗じて解へ接近する方法で，**Gauss-Seidel法**あるいは**SOR法**(successive over relaxation method)などが知られている．反復解法では，大多数の成分が0であるという係数行列あるいは反復行列の特質を生かして効率の良いプログラムを組むことが簡単にできる．ただし，SOR法に必要な最適な加速パラメータを理論的に定めることは一般の有限要素法では困難で，事前にいろいろな値について数値実験を行うなどして近似的に最適な値を定める必要がある．

原理的には直接解法に分類されるが実質的には反復解法の性質を備えた方法として，**共役傾斜法**(conjugate gradient method，略してCG法)がある．共役傾斜法自体は必ずしも効率的な方法ではないが，共役傾斜法に適当な前処理を行う方法，たとえば行列成分が0であることを積極的に利用して近似的LU分解を行ってから共役傾斜法に移行する**不完全LU分解法**と呼ばれる方法など，いろいろと工夫をこらした効率的な解法が各種知られている．

有限要素法に現れる連立1次方程式の係数行列は，問題の微分方程式の形，領域の形状，境界条件などによって種々雑多なものとなる．その解法としては，一般的にはGauss消去法の系統の解法が用いられることが多いようであるが，最適な解法を選ぶには，結局は自分の問題に関して適切な判断を下すことのできる経験と知識が必要であろう．

第5章　行列成分の計算と座標変換

§5.1　要素行列

有限要素法の定式化の手段あるいは数学的取り扱いの手段として，基底関数 $\hat{\varphi}_j(x, y)$ の果たす役割は大きい．しかし，有限要素法を実際問題に適用するときには，$\hat{\varphi}_j(x, y)$ の全体像よりはむしろ分割した三角形要素内に $\hat{\varphi}_j(x, y)$ を制限した部分に注目する方がよい．すなわち，連立1次方程式(4.5.8)の係数行列を具体的に構成するには，行列成分および右辺のベクトル成分を，分割した各三角形要素ごとに計算する方が効率が高い．

一つの三角形要素をとり出して，これを τ としよう．この三角形の3頂点，すなわち節点の番号を，図5.1のように i, j, k とする．このとき，τ において基底関数が0でない値をとるのは $\hat{\varphi}_i$, $\hat{\varphi}_j$, $\hat{\varphi}_k$ だけであるから，§4.5に与えた区分的1次の基底関数に基づく有限要素解 $\hat{u}_n$ の τ における形は

$$\hat{u}_n(x, y)\bigg|_\tau = a_i\hat{\varphi}_i + a_j\hat{\varphi}_j + a_k\hat{\varphi}_k \tag{5.1.1}$$

で与えられる．したがって，方程式(4.5.4)の左辺の微分項および q を含む項の積分のうち τ からの寄与は，それぞれ

$$\iint_\tau \left(\frac{\partial \hat{u}_n}{\partial x}\frac{\partial \hat{\varphi}_l}{\partial x} + \frac{\partial \hat{u}_n}{\partial y}\frac{\partial \hat{\varphi}_l}{\partial y}\right) dxdy$$

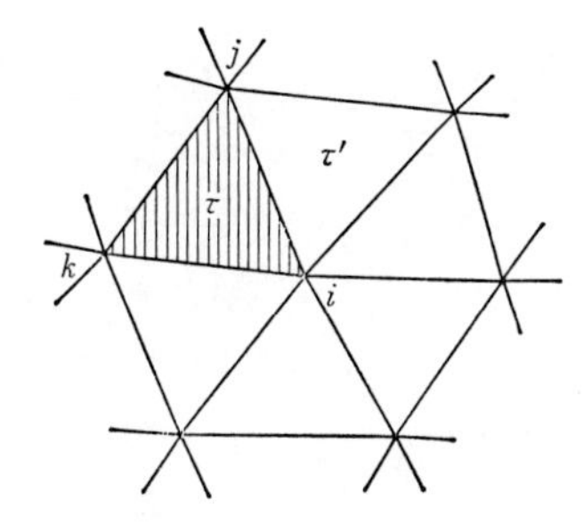

図5.1　三角形要素 τ と節点

$$= a_i k^{\tau}_{il} + a_j k^{\tau}_{jl} + a_k k^{\tau}_{kl}, \qquad l = i, j, k \tag{5.1.2}$$

$$\iint_{\tau} q \hat{u}_n \hat{\varphi}_l dxdy = a_i m^{\tau}_{il} + a_j m^{\tau}_{jl} + a_k m^{\tau}_{kl}, \qquad l = i, j, k \tag{5.1.3}$$

となる．ただし，$k^{\tau}_{\mu\nu}$ および $m^{\tau}_{\mu\nu}$ は，それぞれ実質的に 3×3 行列である k^{τ} および m^{τ} の第 $\mu\nu$ 成分で，次式で定義されるものである．

$$k^{\tau}_{\mu\nu} = \iint_{\tau} \left(\frac{\partial \hat{\varphi}_{\mu}}{\partial x} \frac{\partial \hat{\varphi}_{\nu}}{\partial x} + \frac{\partial \hat{\varphi}_{\mu}}{\partial y} \frac{\partial \hat{\varphi}_{\nu}}{\partial y} \right) dxdy \tag{5.1.4}$$

$$m^{\tau}_{\mu\nu} = \iint_{\tau} q \hat{\varphi}_{\mu} \hat{\varphi}_{\nu} dxdy \tag{5.1.5}$$

これらの行列成分は，領域 G の三角形分割が定まれば，問題の境界条件等には無関係に各三角形要素ごとに独立に計算できる量であることに注意しよう．これらの行列は**要素行列**といい，とくに k^{τ} を**要素剛性行列**，m^{τ} を**要素質量行列**と呼ぶ．

同様に f を含む積分の τ からの寄与は

$$\iint_{\tau} f \hat{\varphi}_l dxdy = f^{\tau}_l, \qquad l = i, j, k \tag{5.1.6}$$

で与えられる．f^{τ}_l は，3成分をもつベクトル $\boldsymbol{f}^{\tau}$ の第 l 成分という意味である．方程式(4.5.4)に現れる積分のうち，三角形要素 τ における積分からの寄与は上に述べたもので尽くされている．

§5.2　領域全体での行列の構成

次に，要素剛性行列 k^{τ}，要素質量行列 m^{τ} およびベクトル $\boldsymbol{f}^{\tau}$ から，領域全体にわたる方程式(4.5.8)の係数行列を構成することを考えよう．そのためには，三角形要素の番号 τ ではなく，節点の番号の組 i, j に着目すればよい．すなわち，全体の剛性行列 K あるいは質量行列 M の第 ij 成分は，節点 i および j の両方に関係しているすべての三角形要素からの寄与を加え合わせることによって求められる．区分的1次の基底関数を使用する場合には，このような三角形要素はもちろん2個だけである．たとえば，図5.1に見るように，節点 i および j の両方に関係している三角形要素は τ および τ' であるから，K の第 ij 成分は

$$K_{ij}=k^{\tau}_{ij}+k^{\tau'}_{ij} \tag{5.2.1}$$

で与えられる．右辺第1項はτ，第2項はτ'における積分からの寄与である．同様に，K_{ii}は節点iのまわりの6個(図5.1)の三角形要素からの寄与の和によって次のように与えられる．

$$K_{ii}=\sum_{\tau}k^{\tau}_{ii} \tag{5.2.2}$$

右辺のベクトル$\boldsymbol{f}$の構成も含めて以上の手順を一般的な形でまとめると，次のようになる．

$$K_{ij}=\sum_{\tau}k^{\tau}_{ij} \tag{5.2.3}$$

$$M_{ij}=\sum_{\tau}m^{\tau}_{ij} \tag{5.2.4}$$

$$f_{j}=\sum_{\tau}f^{\tau}_{j} \tag{5.2.5}$$

これらは，(4.5.10)，(4.5.11)および(4.5.9)を三角形要素ごとに分解することによっても確かめられる．

要するに，全領域Gを三角形分割した後，各三角形要素ごとにk^{τ}_{ij}, m^{τ}_{ij}およびf^{τ}_{j}を計算し，連立1次方程式(4.5.8)を解くとき必要になるたびに，節点iおよびjと三角形要素τの位置関係から該当する成分を寄せ集めてK_{ij}, M_{ij}およびf_{j}を構成する，ということである．

§5.3　1次の形状関数

すでに述べたように，要素ごとの行列成分あるいはベクトル成分を計算する段階では，$\hat{\varphi}_{j}(x,y)$の全体像よりもむしろ，各要素内部に制限したその断片的形状が重要である．区分的に1次の基底関数を用いる場合，たとえば三角形要素τにおいては，基底関数$\hat{\varphi}_{i}$をτに制限した部分$\xi_{i}(x,y)$(図5.2(a))，$\hat{\varphi}_{j}$をτに制限した部分$\xi_{j}(x,y)$(図5.2(b))，$\hat{\varphi}_{k}$をτに制限した部分$\xi_{k}(x,y)$(図5.2(c))さえ確定していれば，要素ごとの成分$k^{\tau}_{\mu\nu}$, $m^{\tau}_{\mu\nu}$, f^{τ}_{μ}は計算できる．図5.2に示した三つの関数ξ_{i}, ξ_{j}, ξ_{k}をτにおける**形状関数**(shape function)と呼ぶ．これらは1次の形状関数である．また，要素τの内部で$\hat{u}_{n}$が

$$\hat{u}_{n}=a_{i}\xi_{i}+a_{j}\xi_{j}+a_{k}\xi_{k} \tag{5.3.1}$$

の形に表されるという意味で，ξ_{i}, ξ_{j}, ξ_{k}をτにおける$\hat{u}_{n}$に対する**座標関数**

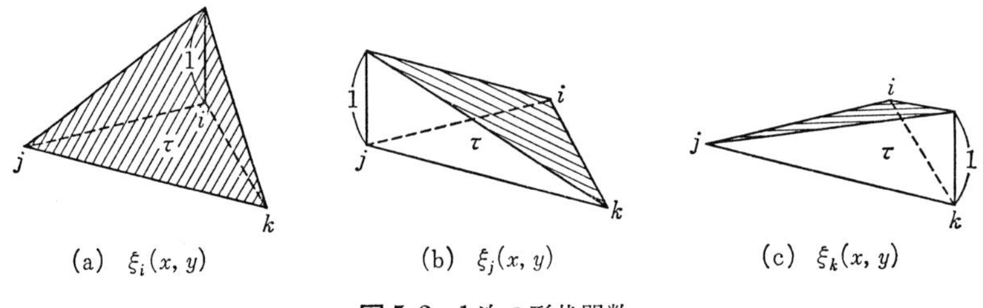

(a)　$\xi_i(x, y)$　　(b)　$\xi_j(x, y)$　　(c)　$\xi_k(x, y)$

図 5.2　1次の形状関数

(coordinate function) ともいう．

1次の形状関数の具体形を与えておこう．以下では，三角形要素 τ の3頂点を P_1, P_2, P_3 と書き，各々の座標を (x_1, y_1), (x_2, y_2), (x_3, y_3) とする．このとき，τ に対する形状関数は

$$\xi_i(x, y)=\frac{1}{2S}\begin{vmatrix}1 & 1 & 1\\ x & x_j & x_k\\ y & y_j & y_k\end{vmatrix}$$

$$=\frac{1}{2S}\{(x_jy_k-x_ky_j)+(y_j-y_k)x-(x_j-x_k)y\} \tag{5.3.2}$$

$$S=\frac{1}{2}\begin{vmatrix}1 & 1 & 1\\ x_1 & x_2 & x_3\\ y_1 & y_2 & y_3\end{vmatrix} \tag{5.3.3}$$

で与えられる．ただし，添字の組 (i, j, k) は，$(1, 2, 3)$, $(2, 3, 1)$, $(3, 1, 2)$ の3通りの組み合わせをとる．S の絶対値が三角形 $P_1P_2P_3$ の面積に等しいことはよく知られている．点 P_1, P_2, P_3 が中心から見て正の向きに，つまり反時計まわりに並んでいれば S は正である．この $\xi_i(x, y)$ が，上述した性質，すなわち

$$\xi_i(x_l, y_l)=\begin{cases}1\ ; & l=i\\ 0\ ; & l\neq i\end{cases} \tag{5.3.4}$$

を満たす1次関数であることはほとんど自明であろう．

また, (5.3.2) より，$\xi_i(x, y)$ の微分は次式で与えられる．

$$\begin{cases}\dfrac{\partial\xi_i}{\partial x}=\dfrac{1}{2S}(y_j-y_k) & (5.3.5)\\[2ex] \dfrac{\partial\xi_i}{\partial y}=-\dfrac{1}{2S}(x_j-x_k) & (5.3.6)\end{cases}$$

形状関数の具体形(5.3.2)を(5.3.1)に代入すれば，三角形要素τの内部で$\hat{u}_n$は次のように表現することもできる．

$$\hat{u}_n=\left\{\begin{vmatrix}a_i & a_j & a_k\\ x_i & x_j & x_k\\ y_i & y_j & y_k\end{vmatrix}-\begin{vmatrix}a_i & a_j & a_k\\ 1 & 1 & 1\\ y_i & y_j & y_k\end{vmatrix}x-\begin{vmatrix}a_i & a_j & a_k\\ x_i & x_j & x_k\\ 1 & 1 & 1\end{vmatrix}y\right\}\Bigg/\begin{vmatrix}1 & 1 & 1\\ x_i & x_j & x_k\\ y_i & y_j & y_k\end{vmatrix} \tag{5.3.7}$$

§5.4　2次の形状関数

高階の微分を含む問題には，後に述べるように2次以上の形状関数が使われることがある．ここでは，図5.3に示すように，三角形要素τの3頂点P_1，P_2，P_3およびそれぞれの対辺の中点P_4，P_5，P_6において指定した値をとる2次の形状関数を与えておこう．

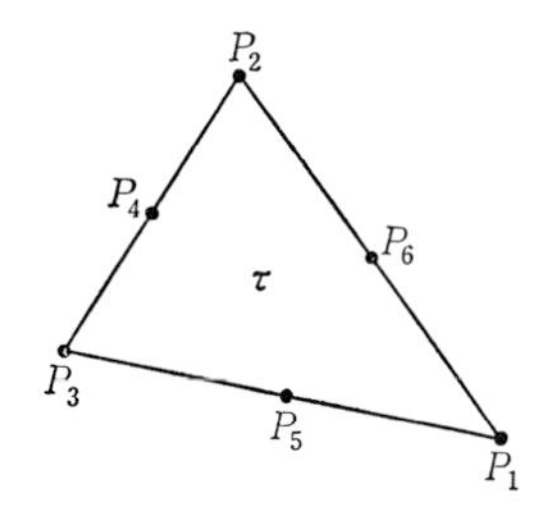

図5.3　三角形要素τと2次の形状関数のための節点

まず，節点P_1において値1をとり，他の5節点において値0をとる2次の形状関数$\xi_1^{(2)}$は，すでに調べた1次の形状関数ξ_1を使って次のように表現できる．

$$\xi_1^{(2)}(x,y)=\xi_1(2\xi_1-1) \tag{5.4.1}$$

ξ_1自身がP_1で1，P_2で0なる値をとる1次関数であることに注意すれば，ξ_1のP_6での値は1/2であることは明らかであろう．節点P_2およびP_3で値1をとる関数$\xi_2^{(2)}$および$\xi_3^{(2)}$も同様に構成される．また，節点P_4において値1をとり，他の5節点で値0をとる2次の形状関数$\xi_4^{(2)}$が次のように表現できることも容易に確かめられる．

$$\xi_4^{(2)}(x,y)=4\xi_2\xi_3 \tag{5.4.2}$$

$\xi_5^{(2)}$および$\xi_6^{(2)}$も同様に表現できる．これらの関数が

$$\xi_j^{(2)}(x_k, y_k) = \begin{cases} 1\ ; & j = k \\ 0\ ; & j \neq k \end{cases} \tag{5.4.3}$$

を満たす2次関数であることは容易に確かめられよう.

これらの形状関数を使えば，三角形要素 τ における2次の有限要素解は次の形に表現される.

$$\hat{u}_n(x, y) = \sum_{j=1}^{6} a_j \xi_j^{(2)}(x, y) \tag{5.4.4}$$

この表現は，(4.5.2)と同様に

$$\hat{u}_n(x_j, y_j) = a_j \tag{5.4.5}$$

を満足する.

§5.5　標準三角形への変換

三角形要素ごとの行列成分あるいはベクトル成分を具体的に求めるとき，適当な標準三角形への座標変換を行うと計算が効率良く実行できる場合が多い.あるいはまた，積分の近似計算に数値積分を採用するときにも，座標変換が有効である．たとえば，$f(x, y)$ が x と y の関数として複雑な形をもっていて，(5.1.6)を解析的に積分することが困難なときには，数値積分に頼らざるを得ない．そのような場合には，三角形要素をある標準的な三角形に変換し，その標準的な三角形上で定義されている適当な数値積分公式によって積分を近似計算し，その結果をもとの三角形要素に戻せばよい.

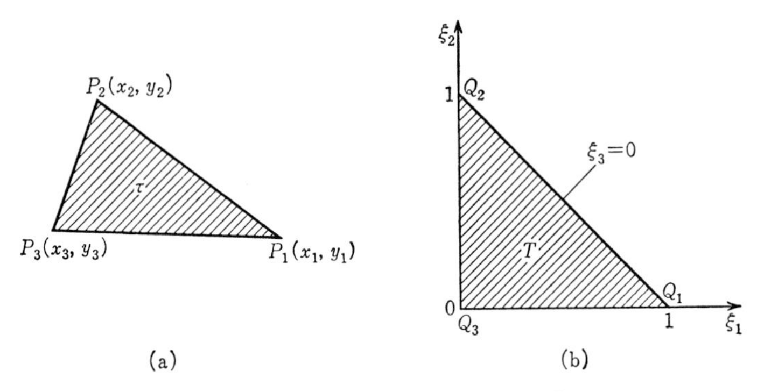

図5.4　三角形要素 τ と標準三角形 T

xy 平面上の三角形要素 $P_1P_2P_3$(図 5.4(a))に座標変換を行って得られる**標準三角形** T として，$\xi_1\xi_2$ 平面上の点 $Q_1(1,0)$, $Q_2(0,1)$, $Q_3(0,0)$ を頂点とする直角三角形 $Q_1Q_2Q_3$(図 5.4(b))を選ぶことにしよう．この座標変換を具体的に表現するために，先に求めた形状関数 (5.3.2) を利用することができる．すなわち，この座標変換は次式で与えられる．

$$\begin{cases} \xi_1 = \dfrac{1}{2S}\begin{vmatrix} 1 & 1 & 1 \\ x & x_2 & x_3 \\ y & y_2 & y_3 \end{vmatrix} = \dfrac{1}{2S}\{(x_2y_3-x_3y_2)+(y_2-y_3)x-(x_2-x_3)y\} \\ \xi_2 = \dfrac{1}{2S}\begin{vmatrix} 1 & 1 & 1 \\ x & x_3 & x_1 \\ y & y_3 & y_1 \end{vmatrix} = \dfrac{1}{2S}\{(x_3y_1-x_1y_3)+(y_3-y_1)x-(x_3-x_1)y\} \end{cases} \tag{5.5.1}$$

S は(5.3.3)で定義されている．実際，座標系(x,y)から座標系(ξ_1,ξ_2)への変換(5.5.1)が，xy 平面上の点 P_1, P_2, P_3 をそれぞれ $\xi_1\xi_2$ 平面上の点 Q_1, Q_2, Q_3 へ写像する 1 次変換になっていることは，(5.3.4)の関係から明らかであろう．

ξ_1, ξ_2, ξ_3 が性質(5.3.4)を満たす 1 次関数であることに注意すれば，それらの和は恒等的に 1 である関数になることがわかる．すなわち，

$$\xi_1+\xi_2+\xi_3 = 1 \tag{5.5.2}$$

なる関係が成り立つ．したがって，上の変換に陽には現れてはいない ξ_3 も併せて考慮に入れると，(5.5.2)の関係から辺 Q_1Q_2 が $\xi_3=0$ によって与えられることがわかる．辺 Q_3Q_1 が $\xi_2=0$, 辺 Q_2Q_3 が $\xi_1=0$ によって与えられることはいうまでもない．

変換(5.5.1)の逆変換が

$$\begin{cases} x = x(\xi_1,\xi_2) = (x_1-x_3)\xi_1+(x_2-x_3)\xi_2+x_3 \\ y = y(\xi_1,\xi_2) = (y_1-y_3)\xi_1+(y_2-y_3)\xi_2+y_3 \end{cases} \tag{5.5.3}$$

によって与えられることは，点の対応関係を通じて容易に確かめられよう．したがって，この変換のヤコビアン J は

$$J = \begin{vmatrix} x_1-x_3 & x_2-x_3 \\ y_1-y_3 & y_2-y_3 \end{vmatrix} = 2S \tag{5.5.4}$$

であることがわかる．

三角形要素τにおける関数$g(x, y)$の積分は，(5.5.3)によって次のように変換される．

$$\iint_\tau g(x, y)dxdy = \iint_T g(x(\xi_1, \xi_2), y(\xi_1, \xi_2))Jd\xi_1 d\xi_2 \qquad (5.5.5)$$

いまの場合，ヤコビアンJが定数であることに注意しよう．

§5.6　重心座標系における積分の計算

三角形領域に対して採用した上述の座標系は，**重心座標系**(barycentric coordinate system)あるいは**面積座標系**(area coordinate system)と呼ばれるものである．この座標系では，三角形要素τの内部の点Pの位置が三つの成分から成る座標(ξ_1, ξ_2, ξ_3)によって指定される．面積座標と呼ばれる理由は，図5.5において

$$\xi_i = \frac{PP_i' \text{ の長さ}}{P_iP_i' \text{ の長さ}} = \frac{\triangle PP_jP_k \text{ の面積}}{\triangle P_1P_2P_3 \text{ の面積}} \qquad (5.6.1)$$

なる関係が成り立つからである．ξ_1, ξ_2, ξ_3のうち独立なものは二つであることはいうまでもない．座標系(x, y)とこの座標系(ξ_1, ξ_2, ξ_3)との関係は(5.3.2)，あるいは(5.5.2)および(5.5.3)で与えられる．後者の関係を行列形式で表現すれば次のようになる．

$$\begin{pmatrix} 1 \\ x \\ y \end{pmatrix} = \begin{pmatrix} 1 & 1 & 1 \\ x_1 & x_2 & x_3 \\ y_1 & y_2 & y_3 \end{pmatrix} \begin{pmatrix} \xi_1 \\ \xi_2 \\ \xi_3 \end{pmatrix} \qquad (5.6.2)$$

これを逆にξ_1, ξ_2, ξ_3について解いた形に表したものが，(5.3.2)に他ならない．

計算すべき積分の領域が三角形で，被積分関数がξ_1, ξ_2, ξ_3の多項式あるいはベキ関数で表現できる場合には，(5.5.5)から導かれる次の公式を使うこと

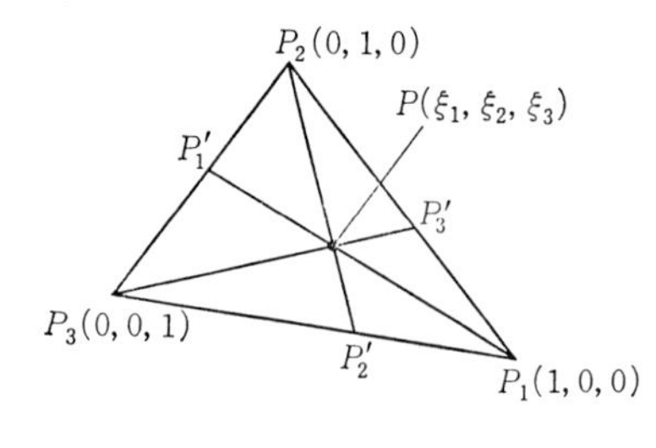

図 5.5　面積座標(ξ_1, ξ_2, ξ_3)

ができる.

$$\iint_{\tau} \xi_1{}^{\alpha} \xi_2{}^{\beta} \xi_3{}^{\gamma} dxdy = \iint_{T} \xi_1{}^{\alpha} \xi_2{}^{\beta} \xi_3{}^{\gamma} J d\xi_1 d\xi_2$$

$$= \frac{\Gamma(\alpha+1)\Gamma(\beta+1)\Gamma(\gamma+1)}{\Gamma(\alpha+\beta+\gamma+3)} \times 2S \tag{5.6.3}$$

ただし，$\alpha, \beta, \gamma > -1$ とする．$\Gamma(\mu+1)$ は Γ 関数

$$\Gamma(\mu+1) = \int_0^{\infty} t^{\mu} e^{-t} dt \tag{5.6.4}$$

であって，μ が 0 または正の整数ならば $\Gamma(\mu+1) = \mu!$ である．この公式は，左辺に $\xi_3 = 1 - \xi_1 - \xi_2$ を代入して T 上での積分を実行し，

$$\int_0^1 \zeta^{\mu}(1-\zeta)^{\nu} d\zeta = \frac{\Gamma(\mu+1)\Gamma(\nu+1)}{\Gamma(\mu+\nu+2)} \tag{5.6.5}$$

の関係を使えば簡単に得ることができる.

§5.7　要素行列の具体形と鋭角型分割

公式(5.6.3)によって，$q=1$ の場合の(5.1.5)の要素質量行列 m^{τ} は次のようになることがわかる.

$$m_{ij}^{\tau} = \iint_{\tau} \hat{\varphi}_i \hat{\varphi}_j dxdy = \iint_{\tau} \xi_i \xi_j dxdy$$

$$= 2S \iint_{T} \xi_i \xi_j d\xi_1 d\xi_2 = \begin{cases} \dfrac{1}{6} S \ ; & i = j \\[2ex] \dfrac{1}{12} S \ ; & i \neq j \end{cases} \tag{5.7.1}$$

また，(5.1.4)の要素剛性行列 k^{τ} は，(5.5.1)の微分から計算することができる.

$$k_{ij}^{\tau} = \iint_{\tau} \left(\frac{\partial \xi_i}{\partial x} \frac{\partial \xi_j}{\partial x} + \frac{\partial \xi_i}{\partial y} \frac{\partial \xi_j}{\partial y} \right) dxdy$$

$$\left(= \frac{1}{4S} \{ (x_j - x_k)(x_k - x_i) + (y_j - y_k)(y_k - y_i) \}, \quad i \neq j \right)$$

$$= \frac{1}{4S} \boldsymbol{q}_i{}^T \boldsymbol{q}_j = \begin{cases} \dfrac{1}{4S} |\boldsymbol{q}_i|^2, & i = j \\[2ex] -\dfrac{1}{4S} |\boldsymbol{q}_i| |\boldsymbol{q}_j| \cos\theta_k, & i \neq j \end{cases} \tag{5.7.2}$$

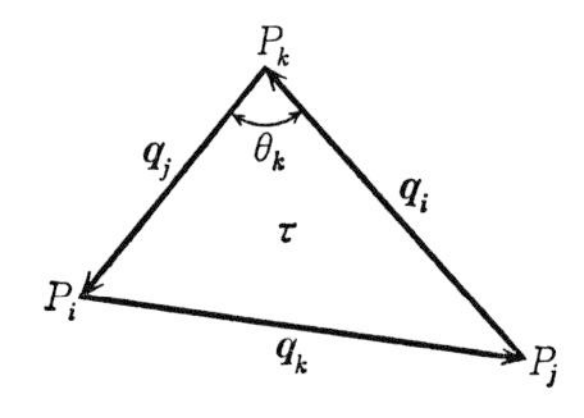

図 5.6　三角形要素 τ と辺のベクトル

$\boldsymbol{q}_i$, $\boldsymbol{q}_j$, $\boldsymbol{q}_k$ は図 5.6 に示すように，それぞれ三角形要素 $P_iP_jP_k$ の辺 P_jP_k, P_kP_i, P_iP_j のベクトル，θ_k は頂点 P_k における内角である．

これからわかるように，三角形 τ が鈍角をもたなければ，要素剛性行列 k^τ の非対角成分は 0 または負になる．すべての三角形要素が鈍角をもたないとき，この三角形分割は**鋭角型**(acute type)であるという．鋭角型分割は時間に依存する問題における安定性の議論で重要な役割を果たすであろう．

§5.8　数値積分公式

前節のような解析的な積分が実行できない場合には，標準三角形 T において定義される適当な数値積分公式

$$\iint_T G(\xi_1, \xi_2)d\xi_1 d\xi_2 \doteqdot \sum_{j=1}^{M} B_j G(\alpha_j, \beta_j) \tag{5.8.1}$$

を(5.5.5)の右辺に適用することによって，その近似値を求めることができる．点 (α_j, β_j) は公式の標本点，B_j は対応する重みである．

この公式を，

$$G(\xi_1, \xi_2) = g(x, y)J \tag{5.8.2}$$

の関係を使ってもとの三角形要素上の積分で表現すれば，τ における次の数値積分公式が得られる．

$$\left\{\begin{aligned} &\iint_\tau g(x, y)dxdy \doteqdot \sum_{j=1}^{M} A_j g(a_j, b_j) &(5.8.3)\\ &a_j = x(\alpha_j, \beta_j), \qquad b_j = y(\alpha_j, \beta_j) &(5.8.4)\\ &A_j = B_j J &(5.8.5)\end{aligned}\right.$$

数値積分公式の具体例を§6.7 に挙げてあるが，実際上の問題では Gauss の数値積分公式が広く採用されている．

§5.9 アイソパラメトリック変換

これまで，領域 G の境界は多角形であるとして議論してきたが，実際問題では曲線状の境界が現れることも多い．ここでは，曲線状の辺をもつ要素を扱うときに有効なアイソパラメトリック変換について述べておこう．

われわれはすでに，1 次の形状関数を利用して一般の三角形から標準三角形への座標変換を導入した．しかし，一方の三角形の辺が曲線状のときには，1 次の関数ではこれを直線状の辺をもつ標準三角形に変換することはできない．曲線を直線に変換するためには，少なくとも 2 次の関数が必要である．ここでは，2 次関数による変換の結果が正確に直線になるように，与えられた境界は区分的に 2 次曲線で与えられていると仮定する．そして，xy 平面内の 2 次曲線で表される辺をもつ三角形 $P_1P_2P_3$(図 5.7(a))を $\xi_1\xi_2$ 平面内の標準三角形 $Q_1Q_2Q_3$(図 5.7(b))に変換する問題を考えよう．

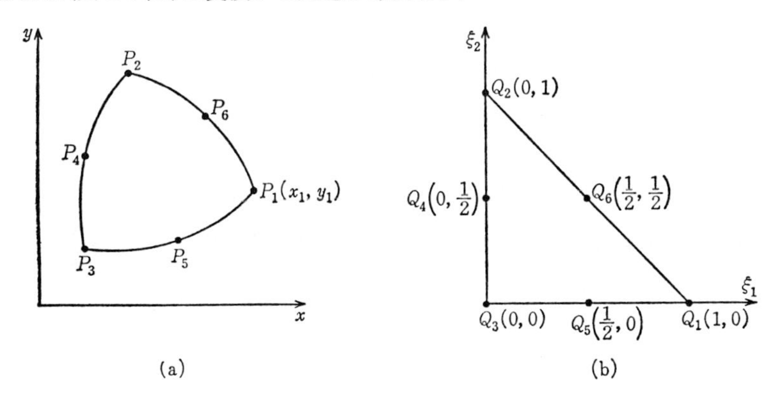

図 5.7　曲線状の辺をもつ三角形 $P_1P_2P_3$ と標準三角形 $Q_1Q_2Q_3$

標準三角形の 3 頂点 Q_1, Q_2, Q_3 および 3 辺の中点 Q_4, Q_5, Q_6 において指定した値 u_j, $j=1,2,\cdots,6$ をとる 2 次の関数は

$$u=\sum_{j=1}^{6}u_j\xi_j^{(2)}(\xi_1,\xi_2) \qquad (5.9.1)$$

で与えられることは，すでに(5.4.5)で見た通りである．ただし，$\xi_j^{(2)}$, $j=1,2,\cdots,6$ は(5.4.1)あるいは(5.4.2)などで与えられる 2 次の形状関数である．

ところで，関数(5.9.1)を見ると，これを xy 平面上の点と $\xi_1\xi_2$ 平面上の点の間の対応関係を与える 2 次の座標変換に転用できることがわかる．すなわち，

xy 平面と $\xi_1\xi_2$ 平面との間の2次の変換を，(5.9.1)と同じ次の形で定義することができる．

$$\begin{cases} x = \sum_{j=1}^{6} x_j \xi_j^{(2)}(\xi_1, \xi_2) \\ y = \sum_{j=1}^{6} y_j \xi_j^{(2)}(\xi_1, \xi_2) \end{cases} \tag{5.9.2}$$

$(x_1, y_1), \cdots, (x_6, y_6)$ は，xy 平面上の曲線上の三角形の3頂点ならびに辺上の3点である．図5.7(b)の点 Q_j がこの変換によって図5.7(a)の点 P_j に対応することは明らかである．この変換を**アイソパラメトリック変換**(isoparametric transformation)という．すなわち，変換(5.9.2)によって xy 平面上の点 (x, y) を $\xi_1\xi_2$ 平面上の点 (ξ_1, ξ_2) に変換し，一方関数値の方はこの変換と同じ形をもつ(5.9.1)によって近似するというのがアイソパラメトリック変換の考え方である．

§5.10　1辺が曲線状の三角形の変換

曲線状の辺をもつ三角形が必要になるのは，領域の境界に沿う周辺部分である．その周辺部分においても，実際上は，2辺が直線状で1辺のみが曲線状の三角形を考えれば十分であろう．ここでも，曲線状の辺は2次曲線から成ると仮定する．このとき，中間的に $\alpha\beta$ 平面をとり，図5.8(a)の三角形を一旦図5.8(b)の三角形に写像することを考えると好都合である．この写像として，P_1, P_2, P_3 をそれぞれ R_1, R_2, R_3 へ変換する1次関数(5.5.1)をまずとる．そして，

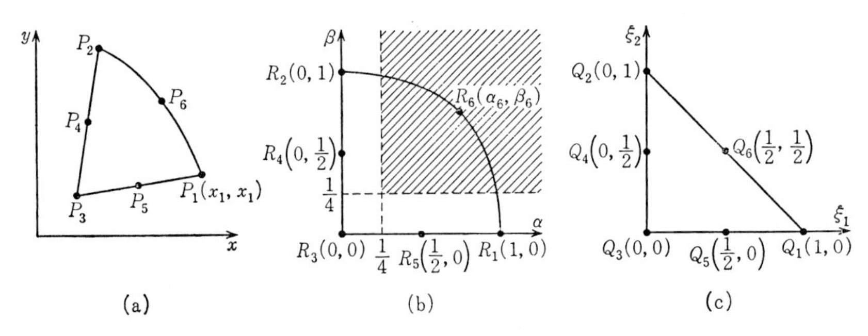

図5.8　1辺が曲線状の三角形の変換

この関数から定まる，$\alpha\beta$ 平面上の点 $R_4(0, 1/2)$, $R_5(1/2, 0)$, $R_6(\alpha_6, \beta_6)$ に対応する xy 平面上の点を P_4, P_5, P_6 とする．この変換のヤコビアン J は(5.5.4)で与えられる定数であるから，この変換の段階ではとくに新しい問題は生じない．

次に，$\alpha\beta$ 平面上の三角形 $R_1R_2R_3$(図5.8(b))を $\xi_1\xi_2$ 平面上の標準三角形 $Q_1Q_2Q_3$(図5.8(c))へ写像する2次の変換を考える．この変換は

$$\begin{cases} \alpha = 2(2\alpha_6 - 1)\xi_1\xi_2 + \xi_1 \\ \beta = 2(2\beta_6 - 1)\xi_1\xi_2 + \xi_2 \end{cases} \tag{5.10.1}$$

で与えられる．この変換により，点 Q_j, $j=1, 2, \cdots, 6$ がそれぞれ点 R_j, $j=1, 2, \cdots, 6$ に写像されることは容易に確かめられよう．これが(5.9.2)の特殊な場合になっていることはいうまでもない．この変換のヤコビアン J は

$$\begin{aligned} J &= J(\xi_1, \xi_2) \\ &= 1 + 2(2\beta_6 - 1)\xi_1 + 2(2\alpha_6 - 1)\xi_2 \end{aligned} \tag{5.10.2}$$

で与えられる．このヤコビアンが $\xi_1\xi_2$ 平面のある点で0になる可能性があるときには，この変換を使うことはできない．$J(0, 0)=1>0$ であるから，もし $J(1, 0)>0$, $J(0, 1)>0$ であれば，J は三角形 $Q_1Q_2Q_3$ の内部でつねに正になり，この変換を使うことが許される．この条件は

$$\alpha_6 > \frac{1}{4}, \qquad \beta_6 > \frac{1}{4} \tag{5.10.3}$$

で与えられる．つまり，点 R_6 が図5.8(b)の斜線で示した範囲内，すなわち点 P_6 が曲線状の辺の中央あたりに位置していれば，この変換でヤコビアンが0になるという不都合が生じることはないのである．

変換(5.10.1)の逆変換は

$$\begin{cases} 2(2\beta_6 - 1)\xi_1{}^2 + \{2(2\alpha_6 - 1)\beta - 2(2\beta_6 - 1)\alpha + 1\}\xi_1 - \alpha = 0 \\ 2(2\alpha_6 - 1)\xi_2{}^2 + \{2(2\beta_6 - 1)\alpha - 2(2\alpha_6 - 1)\beta + 1\}\xi_2 - \beta = 0 \end{cases} \tag{5.10.4}$$

を ξ_1, ξ_2 について解いた形で与えられる．したがって，xy 平面上で計算すべき要素行列の積分の式を $\xi_1\xi_2$ 平面の式に変換すると，その結果は一般には複雑な形になり，そこでの積分には数値積分を適用せざるを得ないことになる．

第6章　2次元有限要素法の誤差解析と変分法違反

§6.1　三角形上の補間

本章の目的は，2次元有限要素法の誤差解析を行うことにある．1次元における有限要素法の誤差解析を行う際に，補助手段として補間関数を導入した．ここではまず，三角形上の補間を中心に同様の議論を行うことにする．

関数 $u(x, y)$ は適当ななめらかさをもつ関数で，三角形要素 τ の3個の頂点 $P_1(x_1, y_1)$，$P_2(x_2, y_2)$，$P_3(x_3, y_3)$ において

$$u(x_l, y_l) = u_l, \qquad l = 1, 2, 3 \tag{6.1.1}$$

なる値をとっているものとする．関数 u としては，われわれは主として対象としている問題の厳密解を念頭に置いているが，ここではとくにそれに限定することはせず，$u(x, y)$ は一般の関数としておこう．関数 u に対応して，形状関数の1次結合で表現した関数

$$\hat{u}_{\mathrm{I}}(x, y) = u_1\xi_1(x, y) + u_2\xi_2(x, y) + u_3\xi_3(x, y) \tag{6.1.2}$$

を考えると，これもまた

$$\hat{u}_{\mathrm{I}}(x_l, y_l) = u_l, \qquad l = 1, 2, 3 \tag{6.1.3}$$

を満足する．すなわち，$\hat{u}_{\mathrm{I}}(x, y)$ は3点 P_1，P_2，P_3 を標本点とする $u(x, y)$ の1次の補間関数になっている．

§6.2　補間の誤差評価

補間 $\hat{u}_{\mathrm{I}}(x, y)$ の誤差

$$\varepsilon_{\mathrm{I}}(x, y) = u(x, y) - \hat{u}_{\mathrm{I}}(x, y) \tag{6.2.1}$$

について調べておこう．§3.8では補間の平均2乗誤差を議論したが，ここでは簡単のために平均2乗誤差ではなく，各点ごとの最大誤差を考えることにする．三角形要素 τ の内部に1点 $P_0(x_0, y_0)$ をとり，

$$h_1 = x - x_0, \qquad h_2 = y - y_0 \tag{6.2.2}$$

と置くと，点 P_0 のまわりでの u の Taylor 展開は次のようになる．

$$u(x,y)=p_1(x,y)+R_2(x,y) \tag{6.2.3}$$

ただし，

$$p_1(x,y)=u(x_0,y_0)+h_1\frac{\partial u}{\partial x}(x_0,y_0)+h_2\frac{\partial u}{\partial y}(x_0,y_0) \tag{6.2.4}$$

$$R_2(x,y)=\frac{1}{2!}\left(h_1\frac{\partial}{\partial x}+h_2\frac{\partial}{\partial y}\right)^2 u(x_0+\theta h_1,y_0+\theta h_2),\qquad 0<\theta<1 \tag{6.2.5}$$

である．剰余項 R_2 の右辺の微分演算子は

$$\left(h_1\frac{\partial}{\partial x}+h_2\frac{\partial}{\partial y}\right)^k u=\left(h_1\frac{\partial}{\partial x}+h_2\frac{\partial}{\partial y}\right)\left(h_1\frac{\partial}{\partial x}+h_2\frac{\partial}{\partial y}\right)^{k-1} u \tag{6.2.6}$$

によって帰納的に定義されるものである．$p_1(x,y)$ はいうまでもなく 1 次多項式である．三角形要素 τ の最大辺の長さを h とすると，$|h_1|,|h_2|\leq h$ であるから，(6.2.5) から次の評価が得られる．

$$|R_2(x,y)|\leq C_1'h^2\max_{\substack{(x,y)\in\tau\\|m|=2}}|D^m u| \tag{6.2.7}$$

ただし，C_1' は h に依存しない定数であるが，これは三角形要素 τ にも依存しない定数にとれるものと仮定しておく．また，D は多重指数表示による微分演算子で，2 数の組 $m=(\mu,\nu)$ に対して $|m|=\mu+\nu$ と置くとき

$$D^m u=\frac{\partial^{|m|}u}{\partial x^\mu\partial y^\nu} \tag{6.2.8}$$

を意味する．つまり，右辺で定義されるいくつかの微分を，まとめて一つの記号で表現するためのものである．不等式 (6.2.7) の意味は，要するに，u の 2 階微分が有界であれば，補間の誤差は h^2 のオーダーになるということである．

u の代りにその微分 Du，すなわち $\partial u/\partial x$ あるいは $\partial u/\partial y$ を考えれば，u の微分の Taylor 展開は次のようになることがわかる．

$$Du(x,y)=p_0+R_1(x,y) \tag{6.2.9}$$

ただし，

$$p_0=Du(x_0,y_0)=Dp_1(x_0,y_0) \tag{6.2.10}$$

$$R_1(x, y) = \left(h_1\frac{\partial}{\partial x}+h_2\frac{\partial}{\partial y}\right)Du(x_0+\theta' h_1, y_0+\theta' h_2), \qquad 0<\theta'<1 \tag{6.2.11}$$

である．p_0 はいまの場合定数であることに注意しよう．これから剰余項 R_1 に対する次の評価を得る．

$$|R_1(x, y)| \leq C_0'h \max_{\substack{(x, y)\in\tau \\ |m|=2}} |D^m u| \tag{6.2.12}$$

ただし，ここでも C_0' は τ に依存しない定数にとれるものと仮定しておく．

さて，(6.1.2)の補間関数 $\hat{u}_{\rm I}(x, y)$ は三角形要素 τ の内部で1次関数であるが，これは次のように分解することができる．

$$\hat{u}_{\rm I}(x, y) = p_1(x, y)+R_{\rm I}(x, y) \tag{6.2.13}$$

ただし，$p_1(x, y)$ は(6.2.4)の1次関数である．$\hat{u}_{\rm I}$ および p_1 が1次関数であるから，いまの場合剰余項 $R_{\rm I}$ も1次関数である．さらに，各頂点 $P_1(x_1, y_1)$, $P_2(x_2, y_2)$, $P_3(x_3, y_3)$ では u と $\hat{u}_{\rm I}$ は一致するから，そこで R_2 と $R_{\rm I}$ も一致する．したがって，1次関数 $R_{\rm I}$ は次のように書くことができる．

$$R_{\rm I}(x, y) = R_2(x_1, y_1)\xi_1(x, y)+R_2(x_2, y_2)\xi_2(x, y)+R_2(x_3, y_3)\xi_3(x, y) \tag{6.2.14}$$

形状関数 ξ_i, $i=1, 2, 3$ は定義から

$$|\xi_i(x, y)| \leq 1, \qquad i = 1, 2, 3 \tag{6.2.15}$$

を満たすから，(6.2.7)および(6.2.14)より次の不等式を得る．

$$|R_{\rm I}(x, y)| \leq 3C_1'h^2 \max_{\substack{(x, y)\in\tau \\ |m|=2}} |D^m u| \tag{6.2.16}$$

ここで，(6.2.3)および(6.2.13)に注意すれば

$$\varepsilon_{\rm I}(x, y) = u-\hat{u}_{\rm I} = R_2-R_{\rm I} \tag{6.2.17}$$

が成り立つ．したがって，補間の誤差に対して次の評価が導かれた．

$$\begin{aligned} |\varepsilon_{\rm I}(x, y)| &\leq |R_2(x, y)|+|R_{\rm I}(x, y)| \\ &\leq C_1h^2 \max_{\substack{(x, y)\in\tau \\ |m|=2}} |D^m u| \end{aligned} \tag{6.2.18}$$

§6.3 補間の微分の誤差評価

補間関数の微分は，(6.2.13)および(6.2.10)より

$$D\hat{u}_{\mathrm{I}}(x, y) = p_0 + DR_{\mathrm{I}}(x, y) \tag{6.3.1}$$

となる．右辺の誤差項の微分に関しては，(6.2.14)および(6.2.7)より

$$|DR_{\mathrm{I}}(x, y)| \leq 3C_1'h^2(\max_{\substack{(x,y)\in\tau \\ |m|=2}} |D^m u|)(\max_{\substack{(x,y)\in\tau \\ i=1,2,3}} |D\xi_i|) \tag{6.3.2}$$

が得られる．

ここで，詳細な検討は後で行うとして，形状関数 ξ_i の微分に関して不等式

$$\max_{\substack{(x,y)\in\tau \\ i=1,2,3}} |D\xi_i| \leq \frac{C}{h} \tag{6.3.3}$$

が成り立っていると仮定しよう．ただし，C は τ に依存しない定数とする．ξ_i の微分が $1/h$ のオーダーになるのは，ξ_i 自体の高さが 1 で底面の長さが h のオーダーであることによる．すると，(6.3.2)より

$$|DR_{\mathrm{I}}(x, y)| \leq C_0''h(\max_{\substack{(x,y)\in\tau \\ |m|=2}} |D^m u|) \tag{6.3.4}$$

が導かれ，これと(6.2.12)および

$$D\varepsilon_{\mathrm{I}}(x, y) = Du - D\hat{u}_{\mathrm{I}} = R_1 - DR_{\mathrm{I}} \tag{6.3.5}$$

より，補間の微分の誤差に対する次の評価を得る．

$$|D\varepsilon_{\mathrm{I}}(x, y)| \leq C_0 h \max_{\substack{(x,y)\in\tau \\ |m|=2}} |D^m u| \tag{6.3.6}$$

不等式(6.3.3)については，§6.5で検討する．

§6.4 領域全体での補間の誤差評価

三角形要素内の各点ごとの誤差が求められると，領域全体での補間 $\hat{u}_{\mathrm{I}}$ のエネルギー・ノルムによる誤差を導くことは容易である．ここでのエネルギー空間の内積およびノルムは，(4.1.15)よりそれぞれ次式で定義される．

$$\begin{cases} (u, v)_a = a(u, v) = \displaystyle\iint_G \left(\frac{\partial u}{\partial x}\frac{\partial v}{\partial x} + \frac{\partial u}{\partial y}\frac{\partial v}{\partial y} + quv\right) dxdy & (6.4.1) \\ \|u\|_a = \sqrt{a(u, u)} & (6.4.2) \end{cases}$$

この場合にもノルム(6.4.2)が条件(2.2.4)を満たすことは，Schwarz の不等

式

$$|(u, v)_a| \leq \|u\|_a \|v\|_a \tag{6.4.3}$$

を利用することにより確かめられる.

エネルギー・ノルムによる補間の誤差の2乗は

$$\begin{aligned}\|u-\hat{u}_{\mathrm{I}}\|_a{}^2 &= a(u-\hat{u}_{\mathrm{I}}, u-\hat{u}_{\mathrm{I}}) \\ &= \iint_G \left[\left\{\frac{\partial}{\partial x}(u-\hat{u}_{\mathrm{I}})\right\}^2 + \left\{\frac{\partial}{\partial y}(u-\hat{u}_{\mathrm{I}})\right\}^2 + q(u-\hat{u}_{\mathrm{I}})^2\right] dxdy \end{aligned} \tag{6.4.4}$$

で与えられる. したがって, (6.2.18)および(6.3.6)を全領域Gにわたって積分することにより, 次の誤差評価が導かれる.

$$\|u-\hat{u}_{\mathrm{I}}\|_a \leq Ch \max_{\substack{(x,y)\in G \\ |m|=2}} |D^m u| \tag{6.4.5}$$

ここで, hはすべての三角形要素の最大辺の長さであり, 定数Cには領域Gの面積が含まれている.

§6.5　一様性の条件

上の評価を導くときに仮定した不等式(6.3.3)を検討してみよう. もしも, (6.3.3)の右辺の係数Cが, 三角形要素によって大きく異なっていたり, あるいは三角形要素の分割を細かくしてゆくとき著しく増大したりすると, 補間の誤差が著しく大きくなる可能性が出てくる. そのために, §6.3では, 三角形分割は不等式(6.3.3)の右辺の係数Cが三角形要素τに依存せずつねに一定値にとれるように実行されることを仮定したのである. この仮定のことを, 基底関数の**一様性の条件**という.

一様性の条件がくずれる典型的な例は, 180°に近い鈍角をもつ細長い三角形要素が含まれる場合である. 簡単のために, 図6.1のように最大辺P_2P_3がx

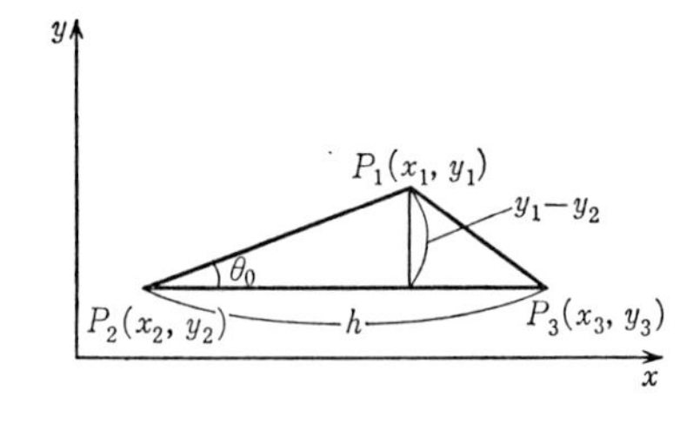

図6.1　一様性の条件をくずす可能性のある三角形要素

軸に平行に置かれている細長い三角形要素 $P_1P_2P_3$ を考えよう．$\angle P_1P_2P_3=\theta_0$ とする．このとき，(5.3.6) より

$$\frac{\partial\xi_1}{\partial y}=\frac{1}{y_1-y_2}=\frac{h}{y_1-y_2}\frac{1}{h}\geq\frac{1}{\tan\theta_0}\frac{1}{h} \tag{6.5.1}$$

となることがわかる．したがって，三角形分割の細分化をすすめるとき，θ_0 が 0 に近づいて三角形がつぶれるような細分化を行うと，次第に $\partial\xi_1/\partial y$ は大きくなり，それに伴って(6.3.3)の C は大きくとらざるを得なくなるのである．

補間の微分の誤差が大きいからといって直ちに有限要素解の誤差が大きいと結論できるわけではないが，次節で見るように(6.3.6)すなわち(6.4.5)はそうなる可能性のあることを示している．有限要素法を適用するときには，つぶれた三角形ができないように，なるべくすべての三角形要素が正三角形に近い形になるように分割を行うことが大切である．

§6.6　有限要素解の誤差

補間の誤差評価が得られたので，第3章の1次元の場合と同様に補間を媒介にして有限要素解 $\hat{u}_n$ のエネルギー・ノルムあるいは Sobolev ノルムによる誤差評価を導くことができる．誤差評価(3.4.8)は，双1次形式 $a(u,v)$ が楕円型の条件を満足するという条件の下で導いた抽象的な結果であるから，これを直ちに2次元の問題，たとえば(4.5.4)，(4.5.5)の問題に適用することができる．すなわち，(3.4.8)の $\hat{v}_n$ として上で考えた補間 $\hat{u}_{\mathrm{I}}$ を採用すれば，これと(6.4.5)から次のエネルギー・ノルムによる誤差評価が導かれる．

$$\|\hat{u}_n-u\|_a\leq Ch\max_{\substack{(x,y)\in G\\|m|=2}}|D^m u| \tag{6.6.1}$$

すなわち，厳密解 u が2階微分可能であることが保証されていれば，一様性の条件 (6.3.3) を満たしながら三角形分割を細かくしてゆくとき，有限要素解 $\hat{u}_n$ の誤差は h のオーダーで減少してゆく．

楕円型の条件(4.3.8)によって，この評価から次の Sobolev ノルムによる評価を導くことは容易である．

$$\|\hat{u}_n-u\|_1\leq C'h\max_{\substack{(x,y)\in G\\|m|=2}}|D^m u| \tag{6.6.2}$$

§6.7　数値積分公式とその誤差

三角形上の補間を調べたついでに，標準三角形 T 上の数値積分公式の例を挙げておこう．T の3頂点 $(1,0)$，$(0,1)$，$(0,0)$ を標本点とする1次の補間式 (6.1.2) を T で積分することにより，T における積分に対する次の近似公式が導かれる．

$$\iint_T G(\xi_1, \xi_2)d\xi_1 d\xi_2 = \frac{1}{6}G(1,0)+\frac{1}{6}G(0,1)+\frac{1}{6}G(0,0)+\varDelta I_T \tag{6.7.1}$$

これは(5.8.1)の一例である．また，補間の誤差評価式(6.2.18)を積分することによって，誤差 $\varDelta I_T$ に対する次の評価式が得られる．

$$|\varDelta I_T| \leq C \max_{\substack{(\xi_1,\xi_2)\in T\\ |m|=2}} |D^m G| \tag{6.7.2}$$

この公式を，変換(5.5.3)を使ってもとの三角形 τ 上の積分で表現すれば，次のようになる．

$$\iint_\tau g(x, y)dxdy = \frac{J}{6}g(x_1, y_1)+\frac{J}{6}g(x_2, y_2)+\frac{J}{6}g(x_3, y_3)+\varDelta I_\tau \tag{6.7.3}$$

ただし，J は変換(5.5.3)のヤコビアンで，(x_1, y_1)，(x_2, y_2)，(x_3, y_3) は τ の3頂点である．誤差 $\varDelta I_\tau$ は，$G(\xi_1, \xi_2)=Jg(x, y)$ の関係および $J=2S\leq C'h^2$ より

$$|\varDelta I_T| = |\varDelta I_\tau| \leq C''h^2 \max_{\substack{(x,y)\in\tau\\ |m|=2}} |D^m g| \tag{6.7.4}$$

となる．

公式(6.7.3)により生ずる誤差 $\varDelta I_\tau$ は，$g(x, y)$ が1次以下の多項式のとき0になる．一般に，(5.8.3)の型の公式で，$g(x, y)$ が μ 次以下の多項式のとき正確な積分値を与える数値積分公式を，**μ 次の公式**という．上に述べた公式は1次の公式である．

§6.8　変分法違反

厳密な意味での変分法では，(4.1.15) あるいは(4.1.16)の積分は正確に計算されることが前提になっている．したがって，これらを数値積分で置き換える

と，その結果はもはや本来の変分法の枠から外れたものとなる．このように変分法の厳密な枠から外れるような近似を採用することを，**変分法違反**(variational crime)と呼んでいる．数値積分の適用の他に，後述する非適合関数の採用，あるいは曲線状の境界の形状を多角形で近似することなどが，変分法違反の典型的な例である．

変分法違反はいずれも実用上の見地から止むを得ず犯す違反であるが，それにより生ずる誤差が，(6.6.2)で評価されるGalerkin法本来の誤差と比較して極端に大きくならないように注意することが大切である．少なくとも，変分法違反による誤差の h に関するオーダーが(6.6.2)の誤差の h に関するオーダーとほぼ同じ次数になるようにすべきであろう．

変分法違反の例としてここでは数値積分の適用を取り上げ，それが有限要素解に与える影響を議論することにしよう．ここで考えるGalerkin方程式は，(4.5.4)あるいは同じことであるが

$$a(\hat{u}_n, \hat{v}) = (f, \hat{v}), \qquad {}^\forall\hat{v} \in \mathring{K}_n \tag{6.8.1}$$

であるとする．ただし，(4.5.4)で $q=0$ としておく．それに対し，両辺の積分に数値積分を適用したという意味で摂動を受けた方程式を

$$a_*(\hat{U}_n, \hat{v}) = (f, \hat{v})_*, \qquad {}^\forall\hat{v} \in \mathring{K}_n \tag{6.8.2}$$

としよう．下付き添字 $*$ は摂動を受けていることを表す．両辺の意味は次の通りである．

$$\begin{cases} a_*(\hat{U}_n, \hat{v}) = \displaystyle\sum_\tau\sum_j \left\{ A_j \left[\frac{\partial \hat{U}_n}{\partial x}\frac{\partial \hat{v}}{\partial x} + \frac{\partial \hat{U}_n}{\partial y}\frac{\partial \hat{v}}{\partial y} \right]_{x=a_j, y=b_j} \right\} & (6.8.3) \\ (f, \hat{v})_* = \displaystyle\sum_\tau\sum_j A_j f(a_j, b_j)\hat{v}(a_j, b_j) & (6.8.4) \end{cases}$$

(a_j, b_j) および A_j は，それぞれ三角形要素 τ における数値積分公式の第 j 番目の標本点および対応する重みである．境界では，$\hat{u}_n$ および $\hat{U}_n$ は共に0である．

ここで，(4.3.8)に対応して，近似双1次形式(6.8.3)もまた

$$\gamma_* \|\hat{v}\|_1{}^2 \leq a_*(\hat{v}, \hat{v}), \qquad \hat{v} \in \mathring{K}_n \tag{6.8.5}$$

の意味で楕円型の条件を満たしていることを仮定しておく．γ_* はある正の定数である．標本点において偶然に $\partial\hat{v}/\partial x$ および $\partial\hat{v}/\partial y$ が共に0になるような $\hat{v} \in \mathring{K}_n$ をとることが可能であると，そのような $\hat{v}$ に対して(6.8.5)は成立しなくなる．標本点が少なすぎる公式では，このような状況が生じやすくなることは

容易に理解できよう．

簡単な例として，1次元の問題で連続かつ区分的に2次の関数を試験関数として使う場合を考えよう．このとき，もしも各要素，つまり各小区間の中にただ1個の標本点しか存在しない数値積分公式を採用すると，それらすべての標本点で微分がちょうど0になるような $\hat{v}\neq 0$ を選べば(6.8.5)が成立しなくなる．この試験関数に対して(6.8.5)を成立させるためには，各小区間内に少なくとも2個の標本点をもつ数値積分公式を採用しなければならないのである．

§6.9　摂動誤差の表示

摂動を受けた近似解 $\hat{U}_n$ の誤差評価を行うにあたり，数値積分以外の影響を調べるときにも使えるようにまず誤差評価式をやや抽象的な形で与えておこう．

はじめに，(6.8.1)および(6.8.2)より任意の $\hat{v}\in\mathring{K}_n$ に対して次式が成り立つことに注意しよう．

$$a_*(\hat{u}_n-\hat{U}_n,\hat{v})=a_*(\hat{u}_n,\hat{v})-a_*(\hat{U}_n,\hat{v})=a_*(\hat{u}_n,\hat{v})-(f,\hat{v})_*$$
$$=(a_*-a)(\hat{u}_n,\hat{v})+(f,\hat{v})-(f,\hat{v})_* \tag{6.9.1}$$

ただし，a と摂動を受けた a_* との差を明確に表現するために

$$(a_*-a)(\hat{u}_n,\hat{v})\equiv a_*(\hat{u}_n,\hat{v})-a(\hat{u}_n,\hat{v}) \tag{6.9.2}$$

なる記法を採用した．さて，(6.9.1)と楕円型の条件(6.8.5)より

$$\gamma_*\|\hat{u}_n-\hat{U}_n\|_1{}^2\leq a_*(\hat{u}_n-\hat{U}_n,\hat{u}_n-\hat{U}_n)$$
$$=(a_*-a)(\hat{u}_n,\hat{u}_n-\hat{U}_n)+(f,\hat{u}_n-\hat{U}_n)-(f,\hat{u}_n-\hat{U}_n)_* \tag{6.9.3}$$

が成り立つ．両辺を $\gamma_*\|\hat{u}_n-\hat{U}_n\|_1$ で割れば

$$\|\hat{u}_n-\hat{U}_n\|_1$$
$$\leq\frac{1}{\gamma_*}\left\{\frac{|(a_*-a)(\hat{u}_n,\hat{u}_n-\hat{U}_n)|}{\|\hat{u}_n-\hat{U}_n\|_1}+\frac{|(f,\hat{u}_n-\hat{U}_n)-(f,\hat{u}_n-\hat{U}_n)_*|}{\|\hat{u}_n-\hat{U}_n\|_1}\right\} \tag{6.9.4}$$

となる．ここで $\hat{u}_n-\hat{U}_n\in\mathring{K}_n$ の代りに一般の $\hat{v}\in\mathring{K}_n$ をとれば，右辺はより大きくもより小さくもなり得るが，少なくとも

$$\|\hat{u}_n-\hat{U}_n\|_1$$
$$\leq\frac{1}{\gamma_*}\sup_{\hat{v}\in\mathring{K}_n}\left\{\frac{|(a_*-a)(\hat{u}_n,\hat{v})|}{\|\hat{v}\|_1}+\frac{|(f,\hat{v})-(f,\hat{v})_*|}{\|\hat{v}\|_1}\right\} \tag{6.9.5}$$

は成立する．したがって，与えられた問題の厳密解 u を含む三角不等式

$$\|u-\hat{U}_n\|_1 \leq \|u-\hat{u}_n\|_1+\|\hat{u}_n-\hat{U}_n\|_1 \tag{6.9.6}$$

により，$\hat{U}_n$ に対する誤差評価式として次式が得られる．

$$\begin{aligned}\|u-\hat{U}_n\|_1 &\leq \|u-\hat{u}_n\|_1 \\ &+\frac{1}{\gamma_*}\sup_{\hat{v}\in\mathring{K}_n}\frac{|(a-a_*)(\hat{u}_n,\hat{v})|}{\|\hat{v}\|_1}+\frac{1}{\gamma_*}\sup_{\hat{v}\in\mathring{K}_n}\frac{|(f,\hat{v})-(f,\hat{v})_*|}{\|\hat{v}\|_1}\end{aligned} \tag{6.9.7}$$

この評価式は，摂動を受けた方程式が (6.8.2) の形をもつ限り，一般的に使用できるものである．

§6.10　$a(\hat{u}_n, \hat{v})$ を数値積分することによる誤差

われわれの問題(6.8.1)の場合，(6.9.7)の右辺第1項，すなわちGalerkin法本来の誤差はすでに (6.6.2) で h のオーダーであることを見た．そこで，数値積分により生じた残りの項を調べてみよう．ここでは，採用した数値積分公式は μ 次の公式，すなわち μ 次までの多項式を数値積分するときには正確な積分値を与える公式であるとしておく．

本節でまず，(6.9.7)の右辺第2項を評価しよう．この項の分子は次のように変形できる．

$$\begin{aligned}&(a-a_*)(\hat{u}_n,\hat{v}) \\ &=\iint_G\left(\frac{\partial\hat{u}_n}{\partial x}\frac{\partial\hat{v}}{\partial x}+\frac{\partial\hat{u}_n}{\partial y}\frac{\partial\hat{v}}{\partial y}\right)dxdy-\sum_\tau\sum_j A_j\left[\left(\frac{\partial\hat{u}_n}{\partial x}\frac{\partial\hat{v}}{\partial x}+\frac{\partial\hat{u}_n}{\partial y}\frac{\partial\hat{v}}{\partial y}\right)\right]_{x=a_j,y=b_j} \\ &=\sum_\tau\iint_\tau\left\{\left(\frac{\partial\hat{u}_n}{\partial x}-p_\mu\right)\frac{\partial\hat{v}}{\partial x}+\left(\frac{\partial\hat{u}_n}{\partial y}-q_\mu\right)\frac{\partial\hat{v}}{\partial y}\right\}dxdy \\ &\quad-\sum_\tau\sum_j A_j\left[\left(\frac{\partial\hat{u}_n}{\partial x}-p_\mu\right)\frac{\partial\hat{v}}{\partial x}+\left(\frac{\partial\hat{u}_n}{\partial y}-q_\mu\right)\frac{\partial\hat{v}}{\partial y}\right]_{x=a_j,y=b_j}\end{aligned} \tag{6.10.1}$$

ただし，p_μ および q_μ は共に各三角形要素 τ の内部ごとに定義された μ 次のある多項式である．上式の変形において，これらの多項式に $\hat{v}$ の1階微分，すなわち定数を乗じたものが，いま考えている μ 次の数値積分公式により正確に積分されることを使った．ここで，三角形要素 τ の内部の適当な点のまわりで $\partial\hat{u}_n/\partial x$ を Taylor 展開し，その μ 次までの項をとくに p_μ に選んでやると，その誤差は (6.2.7) を導いたのと同様の議論により

$$\left|\frac{\partial \hat{u}_n}{\partial x} - p_\mu\right| \leq C_1{}'''h^{\mu+1} \max_{\substack{(x,y)\in\tau \\ |m|=\mu+1}} \left|D^m \frac{\partial \hat{u}_n}{\partial x}\right|$$

$$\leq C_1{}''h^{\mu+1} \max_{\substack{(x,y)\in\tau \\ |m|=\mu+2}} |D^m \hat{u}_n| \qquad (6.10.2)$$

のように評価される．$|\partial\hat{u}_n/\partial y - q_\mu|$ についても同様である．

ところでわれわれの例では，$\hat{v}$ としては区分的1次の基底関数 φ_j が採用されているので，各々の τ の内部で $\partial\hat{v}/\partial x$ および $\partial\hat{v}/\partial y$ は実はいまの場合定数である．したがって，形式上は

$$|D\hat{v}|^2 = \frac{1}{|S|}\iint_\tau (D\hat{v})^2 dxdy \leq \frac{1}{|S|}\|v\|_{1,\tau}^2 \qquad (6.10.3)$$

が成り立つ．ただし，(6.10.3)の最後のノルムの積分は三角形要素 τ の内部のものであり，また $|S|$ は τ の面積である．このことに注意し，かつ(6.10.1)の積分の項に Schwarz の不等式を使うと，

$$|(a-a_*)(\hat{u}_n, \hat{v})| \leq C_1{}'h^{\mu+1}\|v\|_1 \max_{\substack{(x,y)\in G \\ |m|=\mu+2}} |D^m \hat{u}_n| \qquad (6.10.4)$$

を得る．したがって，(6.9.7)の右辺第2項は次のように評価される．

$$\frac{1}{\gamma_*}\sup_{\hat{v}\in\mathring{K}_n} \frac{|(a_*-a)(\hat{u}_n, \hat{v})|}{\|v\|_1} \leq C_1 h^{\mu+1} \max_{\substack{(x,y)\in G \\ |m|=\mu+2}} |D^m \hat{u}_n| \qquad (6.10.5)$$

この結果によると，われわれの問題の場合には $\mu=0$，つまり定数関数を正しく積分する最も単純な公式を使用してもその誤差への影響は h のオーダーであることがわかる．しかも，$\hat{u}_n$ は区分的1次多項式であるから，いまの場合 $|D^2\hat{u}_n|=0$ であり，実はこの0次の数値積分公式を採用しても，この項からは誤差は生じないのである．この事実自体は，以上のような解析を経由しないでもほとんど自明の結果として理解できよう．本節の目的はむしろ，高次の要素を採用するようなより一般の場合の解析法を理解することにある．

§6.11　$(f, \hat{v})$ を数値積分することによる誤差

次に，(6.9.7)の右辺第3項を評価しよう．積分公式が μ 次の公式であることに注意すると，この項の分子は次のように変形することができる．

$$(f,\hat{v})-(f,\hat{v})_*=\iint_G f\hat{v}dxdy-\sum_\tau\sum_j A_jf\hat{v}(a_j,b_j)$$
$$=\sum_\tau\iint_\tau(f\hat{v}-r_\mu)dxdy-\sum_\tau\sum_j A_j\{f\hat{v}(a_j,b_j)-r_\mu(a_j,b_j)\} \tag{6.11.1}$$

r_μ は τ ごとに定義された μ 次の多項式である．この r_μ として，各三角形要素 τ 内における $f\hat{v}$ の Taylor 展開の μ 次までの項をとると，その誤差は次のようになる．

$$|f\hat{v}-r_\mu|\le C_2'''h^{\mu+1}\max_{\substack{(x,y)\in\tau\\|m|=\mu+1}}|D^m(f\hat{v})| \tag{6.11.2}$$

f には必要なだけの微分可能性を仮定しておく．

われわれの例の場合もそうであるが，有限要素法の実際の計算では，$\hat{v}$ としては区分的多項式である基底関数 $\hat{\varphi}_j$，すなわち高さが 1 で h 程度の範囲内にのみ 0 でない値をもつ関数が採用される．そして，そのような $\hat{v}$ はそれを 1 回微分するごとに $1/h$ のオーダーの値が乗ぜられる．したがって，(6.11.2) の右辺の $D^m(f\hat{v})$ を積の微分の公式を適用しながら計算してゆくと，$\hat{v}$ を微分するたびに $1/h$ が乗ぜられて，前にかかっている $h^{\mu+1}$ のベキが一つずつ減少してゆく．ところが，$\hat{v}$ は 1 次多項式であるから，$\hat{v}$ の微分が 0 にならずに残るのは 0 階微分と 1 階微分だけであり，したがって h のベキの減少は 1 に留まる．以上の議論から，結局次式が成り立つことがわかる．

$$C_2'''h^{\mu+1}\max_{\substack{(x,y)\in\tau\\|m|=\mu+1}}|D^m(f\hat{v})|\le C_2''h^\mu(\max_{\substack{(x,y)\in\tau\\|m|=\mu}}|D^mf|)(\max_{(x,y)\in\tau}|D\hat{v}|) \tag{6.11.3}$$

0 階微分から生ずる $h^{\mu+1}$ のオーダーの項は h が小さいとして捨ててある．

$D\hat{v}$ はいまの場合定数であるから，ここでも形式上は(6.10.3)が成り立つ．したがって，(6.11.2) を τ で積分あるいは近似積分し，さらにその結果を全領域にわたって加え合わせても右辺の h のオーダーに変わりがないことに注意すれば，(6.11.1) および (6.11.3) より

$$|(f,\hat{v})-(f,\hat{v})_*|\le C_2'h^\mu\|\hat{v}\|_1(\max_{\substack{(x,y)\in G\\|m|=\mu}}|D^mf|) \tag{6.11.4}$$

が成り立ち，(6.9.7)の右辺第3項は次のように評価されることになる．

$$\frac{1}{\gamma^*}\sup_{\hat{v}\in\dot{K}_n}\frac{|(f,\hat{v})-(f,\hat{v})_*|}{\|v\|_1}\le C_2h^{\mu}\max_{\substack{(x,y)\in G\\ |m|=\mu}}|D^mf| \tag{6.11.5}$$

上の結果によると，この項のオーダーをGalerkin近似の誤差のオーダーと同じにするためには，$\mu=1$すなわち1次の数値積分公式を使えばよいことがわかる．結局，全体として，1次の数値積分公式を採用すれば，数値積分という変分法違反により生ずる誤差のオーダーを，Galerkin法本来の誤差のオーダーと同じに保つことができるのである．

前節と本節の解析で不等式(6.10.3)を利用したが，さらに高次の試験関数$\hat{v}$を使用する場合の誤差評価では，(6.10.2)あるいは(6.11.2)の型の不等式と共に，その高次の$\hat{v}$に対して(6.10.3)の型の評価を導くことが必要になる．

第7章　高階の微分を含む問題と非適合要素

§7.1　4階微分方程式

これまで述べてきた境界値問題は，すべて2階の微分方程式に関するものであった．ここでは平面上の有界領域 G における次の4階の微分方程式を例にとって，高階の微分を含む問題の取り扱いを説明しよう．

$$\begin{cases} \Delta^2 u = f & (7.1.1) \\ \partial G \text{ において} \quad u = 0 \quad \text{かつ} \quad \dfrac{\partial u}{\partial n} = 0 & (7.1.2) \end{cases}$$

ただし，Δ^2 は次式で定義される**重調和演算子**である．

$$\Delta^2 u = \Delta(\Delta u) = \frac{\partial^4 u}{\partial x^4} + 2\frac{\partial^4 u}{\partial x^2 \partial y^2} + \frac{\partial^4 u}{\partial y^4} \tag{7.1.3}$$

この方程式は，たとえば板が f なる力によって曲げられるとき現れるもので，境界条件(7.1.2)は板のへりが固定されている状態に対応している．

この問題に有限要素法を適用するには，(7.1.1)に対応する弱形式を作らなければならない．2階の微分方程式の場合には，その半分の階数の1階微分を含む弱形式が対応しており，それを導くために1階微分可能な関数 $v \in H_1$ あるいは $v \in \mathring{H}_1$ をもとの方程式の両辺に乗じて積分を行ったのであった．それに対し，4階微分方程式の場合にはその半分の階数の2階微分を含む弱形式が導かれる．これを見るために，まず領域 G において2階微分可能な関数の成すSobolev空間 H_2 を導入する．そのノルムは

$$\|v\|_2 = \iint_G \left\{ \left(\frac{\partial^2 v}{\partial x^2}\right)^2 + \left(\frac{\partial^2 v}{\partial x \partial y}\right)^2 + \left(\frac{\partial^2 v}{\partial y^2}\right)^2 + \left(\frac{\partial v}{\partial x}\right)^2 + \left(\frac{\partial v}{\partial y}\right)^2 + v^2 \right\} dxdy \tag{7.1.4}$$

で定義される．さらに，H_2 に属す関数のうちとくに

$$\partial G \text{ において} \quad v = 0 \quad \text{かつ} \quad \frac{\partial v}{\partial n} = 0 \tag{7.1.5}$$

を満たす関数の成す部分空間を $\mathring{H}_2$ と書くことにしよう．

与えられた方程式(7.1.1)の両辺に $v\in\mathring{H}_2$ を乗じ，領域 G において積分し，(4.1.9)を使って2回部分積分を行うと，次式が得られる．

$$\begin{aligned}&\iint_G(\Delta^2u-f)vdxdy\\&=\iint_G(\Delta u\Delta v-fv)dxdy-\int_{\partial G}\Delta u\frac{\partial v}{\partial n}d\sigma+\int_{\partial G}\left(\frac{\partial}{\partial n}\Delta u\right)vd\sigma=0\end{aligned} \tag{7.1.6}$$

ここで，(7.1.5)を考慮すると右辺第2項と第3項は0となり，次の弱形式の方程式が導かれる．

$$\iint_G(\Delta u\Delta v-fv)dxdy=0,\qquad \forall v\in\mathring{H}_2 \tag{7.1.7}$$

一般に，はじめに与えられた方程式が $2m$ 階微分方程式であれば，対応する弱形式は m 階の微分をもつことになることが，上の手順から理解されよう．

§7.2　2次の基底関数

さて，上の方程式の有限要素解を例によって

$$\hat{u}_n(x,y)=\sum_{j=1}^{n}a_j\hat{\varphi}_j(x,y) \tag{7.2.1}$$

の形で求めるのであるが，ここで注意しなければならないのは，(7.1.7)において u に対して2階微分可能性が要求されていることである．したがって，この問題では基底関数 $\hat{\varphi}_j$ はその2階微分が2乗積分可能，つまり $\hat{\varphi}_j\in H_2$ でなければならない．

三角形上で1次の関数をとったのでは，要素の内部で2階微分が恒等的に0になってしまう．さらに，要素と要素の境界で2階微分が存在しない．したがって，これまで用いてきた区分的1次の関数はここでの目的には使用することはできない．

そこで，次に考えられる可能性は区分的に2次の関数の採用である．三角形要素 τ の内部において，有限要素解が

$$\hat{u}_n(x,y)|_\tau=c_1+c_2x+c_3y+c_4x^2+c_5xy+c_6y^2 \tag{7.2.2}$$

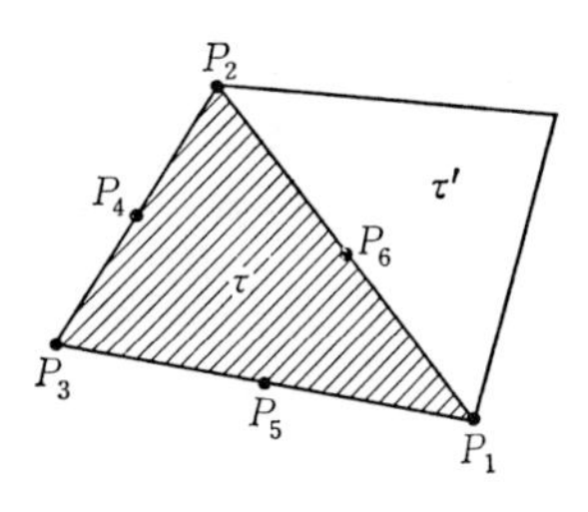

図 7.1　2次の基底関数のための節点

の形をもつと仮定しよう．この形を確定するためには，6個の未知数 c_j，$j=1, 2, \cdots, 6$ を定める必要があるが，これを定めるデータを与える点として，図7.1のように三角形 τ の3個の頂点 P_1，P_2，P_3 と，各対辺の3個の中点 P_4，P_5，P_6 を選ぶことができる．これら6個の点で $\hat{u}_n$ の値を指定することにより，6個の未知数 $c_1, c_2, \cdots, c_6$ が確定する．行列成分を具体的に計算するには，§5.4で述べた2次の形状関数を利用すればよい．他の三角形要素についても，同様にして要素ごとに区分的に2次の関数を定めることができる．

さて，このようにして定めた区分的2次の関数 $\hat{u}_n(x, y)$ を領域全体で見たとき，これが連続関数になることが次のようにしてわかる．各三角形要素の内部で連続であることは自明であるから，問題は要素と要素の境界である辺上の連続性である．図7.1において要素 τ と要素 τ' の境界 P_1P_2 を考えよう．辺 P_1P_2 は直線であるから，これは方程式

$$\alpha x+\beta y+\gamma = 0 \tag{7.2.3}$$

によって表現される．要素 τ の側から見れば，P_1P_2 上で $\hat{u}_n$ は(7.2.2)なる2次式で与えられるが，これは(7.2.3)によって x あるいは y いずれか一方を消去し，残りの1変数の2次関数として表現することができる．いま，これが P_1P_2 上で

$$\hat{u}_n(x, y) = d_0+d_1x+d_2x^2 \tag{7.2.4}$$

となったとしよう．d_0，d_1，d_2 は3点 P_1，P_6，P_2 におけるデータから完全に決定されている．一方，要素 τ' の側から見たときも，辺 P_1P_2 上では $\hat{u}_n$ は x あるいは y いずれか一方の2次関数として表現される．しかもその形は3点 P_1，P_6，P_2 におけるデータから決定され，したがってそれは(7.2.4)の右辺の形に一致するはずである．すなわち，要素の辺上で $\hat{u}_n(x, y)$ は連続である．

しかしながら，境界では1階微分はもはや連続ではない．したがって，2階微分は領域全体で2乗積分可能にならない．つまり，区分的2次の関数は2階微分の弱形式をもつ問題の許容関数とはならないのである．1階微分まで連続にするためには，さらに高次の基底関数を導入しなければならない．この種の関数はいろいろな形に構成することができるが，いずれにせよ数値的取り扱いは高次になるほどめんどうになる．

§7.3　非適合要素

簡便な一つの方法として，各三角形要素の辺上の微分の不連続性は無視して，上述の2次の関数を試験関数として採用することも考えられる．その場合，この試験関数は与えられた問題の正しい許容関数ではない．このような試験関数を与える基底関数を，有限要素法では**非適合要素**(non-conforming element)と呼ぶ．それに対して，問題の正しい許容関数を与える基底関数を**適合要素**(conforming element)と呼ぶ．非適合要素の採用もまた，変分法違反の一例である．実際問題では，問題の取り扱いを簡単にするためにしばしば非適合要素が使われ，しかも有意義な結果が得られることが多い．ここでは，簡単のために再び2階の微分方程式をとり上げ，それに対してある種の非適合要素を適用した場合の影響を調べることにしよう．

2次元の多角形領域 G において，(4.1.13)で $q=0$ と置いた次の問題を考える．

$$\begin{cases} a(u,v)-(f,v)=0, & \forall v\in \mathring{H}_1 \quad (7.3.1)\\ \text{境界 } \partial G \text{ において} & u=0 \quad (7.3.2)\end{cases}$$

ただし，

$$a(u,v)=\iint_G\left(\frac{\partial u}{\partial x}\frac{\partial v}{\partial x}+\frac{\partial u}{\partial y}\frac{\partial v}{\partial y}\right)dxdy \tag{7.3.3}$$

である．この問題に対し，図7.2のように三角形要素の各辺の中点で値が一致するような区分的1次関数による近似解 $\hat{U}_n(x,y)$ を構成する．この関数は明らかに一般には辺の中点を除いては連続でないので，(7.3.1)の正しい許容関数ではない．

要素と要素の間での連続性を無視するということは，方程式(7.3.1)の $a(u,v)$ の代りに

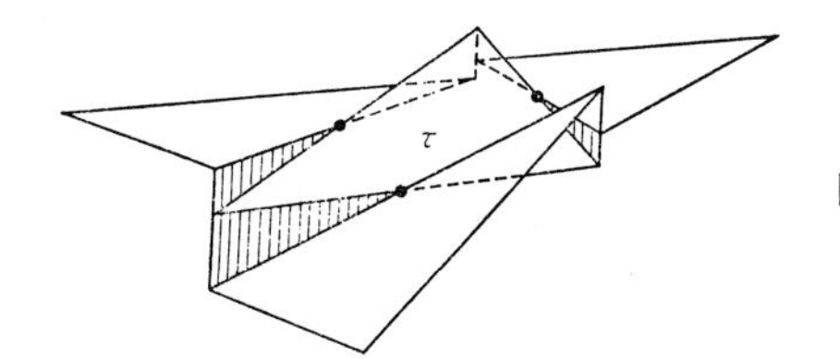

図 7.2 三角形要素の各辺の中点でのみ値が連続な関数

$$a_*(u,v)=\sum_\tau \iint_\tau \left(\frac{\partial u}{\partial x}\frac{\partial v}{\partial x}+\frac{\partial u}{\partial y}\frac{\partial v}{\partial y}\right)dxdy \tag{7.3.4}$$

を考えていることに相当する．この双1次形式に対応して，

$$\|v\|_*=[a_*(v,v)]^{1/2} \tag{7.3.5}$$

なる**セミノルム**を定義しよう．そして，このセミノルムが有界であり，各辺の中点では連続で，領域の境界 ∂G 上の辺の中点では値が 0 である関数の集合を $\mathring{V}_*$ と書いておこう．すると，われわれの問題は次の形に定式化することができる．

$$a_*(\hat{U}_n,\hat{v})-(f,\hat{v})=0, \qquad {}^\forall\hat{v}\in\mathring{V}_* \tag{7.3.6}$$

ただし，$\hat{U}_n$ も $\mathring{V}_*$ の元である．

セミノルム(7.3.5)に関して，不等式

$$|a_*(u,v)|\le\|u\|_*\|v\|_* \tag{7.3.7}$$

が成立することを確かめておこう．§3.2と同様の議論により，まず

$$\begin{aligned}|a_*(u,v)|&\le\sum_\tau\iint_\tau\left(\left|\frac{\partial u}{\partial x}\frac{\partial v}{\partial x}\right|+\left|\frac{\partial u}{\partial y}\frac{\partial v}{\partial y}\right|\right)dxdy\\&\le\sum_\tau\iint_\tau\left\{\left(\frac{\partial u}{\partial x}\right)^2+\left(\frac{\partial u}{\partial y}\right)^2\right\}^{1/2}\left\{\left(\frac{\partial v}{\partial x}\right)^2+\left(\frac{\partial v}{\partial y}\right)^2\right\}^{1/2}dxdy\\&\le\sum_\tau\left[\iint_\tau\left\{\left(\frac{\partial u}{\partial x}\right)^2+\left(\frac{\partial u}{\partial y}\right)^2\right\}dxdy\right]^{1/2}\left[\iint_\tau\left\{\left(\frac{\partial v}{\partial x}\right)^2+\left(\frac{\partial v}{\partial y}\right)^2\right\}dxdy\right]^{1/2}\end{aligned} \tag{7.3.8}$$

が成り立つことは容易に確かめられる．ここで

$$\left(\sum_{k=1}^n a_kb_k\right)^2=\left(\sum_{k=1}^n a_k^2\right)\left(\sum_{k=1}^n b_k^2\right)-\frac{1}{2}\sum_{i=1}^n\sum_{j=1}^n(a_ib_j-a_jb_i)^2 \tag{7.3.9}$$

なる恒等式から直ちに得られる **Cauchy-Schwarz の不等式**

$$\left(\sum_{k=1}^n a_kb_k\right)^2\le\left(\sum_{k=1}^n a_k^2\right)\left(\sum_{k=1}^n b_k^2\right) \tag{7.3.10}$$

に注意すれば，(7.3.8)より

$$|a_*(u,v)| \le \left[\sum_\tau \iint_\tau \left\{\left(\frac{\partial u}{\partial x}\right)^2+\left(\frac{\partial u}{\partial y}\right)^2\right\}dxdy\right]^{1/2}\left[\sum_\tau \iint_\tau \left\{\left(\frac{\partial v}{\partial x}\right)^2+\left(\frac{\partial v}{\partial y}\right)^2\right\}dxdy\right]^{1/2} \tag{7.3.11}$$

すなわち，(7.3.7)が導かれる．

§7.4　摂動誤差

上述の非適合要素を使うことにより生ずる摂動誤差を，エネルギー・セミノルム(7.3.5)で表現してみよう．まず，H_1 ノルムの楕円型条件に対応するものは，いまの場合定義(7.3.5)より等式

$$\|\hat{v}\|_*{}^2 = a_*(\hat{v},\hat{v}), \qquad \forall\hat{v}\in\mathring{V}_* \tag{7.4.1}$$

であるが，ここで $\hat{v}$ の代りに $\hat{w}-\hat{U}_n$ とおくと，次式が成立する．

$$\begin{aligned}\|\hat{w}-\hat{U}_n\|_*{}^2 &= a_*(\hat{w}-\hat{U}_n,\hat{w}-\hat{U}_n)\\ &= a_*(\hat{w}-u,\hat{w}-\hat{U}_n)+a_*(u,\hat{w}-\hat{U}_n)-a_*(\hat{U}_n,\hat{w}-\hat{U}_n)\\ &= a_*(\hat{w}-u,\hat{w}-\hat{U}_n)+a_*(u,\hat{w}-\hat{U}_n)-(f,\hat{w}-\hat{U}_n),\\ &\qquad \forall\hat{w}\in\mathring{V}_*\end{aligned} \tag{7.4.2}$$

u は(7.3.1)，(7.3.2)の解で，$\hat{U}_n$ は(7.3.6)の解である．次に，不等式(7.3.7)を使い，さらに両辺を $\|\hat{U}_n-\hat{w}\|_*$ で割ると，次式が得られる．

$$\begin{aligned}\|\hat{w}-\hat{U}_n\|_* &\le \|\hat{w}-u\|_*+\frac{|a_*(u,\hat{w}-\hat{U}_n)-(f,\hat{w}-\hat{U}_n)|}{\|\hat{w}-\hat{U}_n\|_*}\\ &\le \|u-\hat{w}\|_*+\sup_{\hat{v}\in\mathring{V}_*}\frac{|a_*(u,\hat{v})-(f,\hat{v})|}{\|\hat{v}\|_*}, \qquad \forall\hat{w}\in\mathring{V}_*\end{aligned} \tag{7.4.3}$$

ここで，$\hat{w}$ としてとくに適合要素を使った有限要素解 $\hat{u}_n$ を選ぶと

$$\|\hat{u}_n-\hat{U}_n\|_* \le \|u-\hat{u}_n\|_*+\sup_{\hat{v}\in\mathring{V}_*}\frac{|a_*(u,\hat{v})-(f,\hat{v})|}{\|\hat{v}\|_*} \tag{7.4.4}$$

が導かれる．さらに，セミノルム $\|\hat{v}\|_*$ についても成り立つ三角不等式

$$\|u-\hat{U}_n\|_* \le \|u-\hat{u}_n\|_*+\|\hat{u}_n-\hat{U}_n\|_* \tag{7.4.5}$$

を使えば，非適合関数 $\hat{U}_n$ の誤差に関する次の評価が得られる．

$$\|u-\hat{U}_n\|_* \leq 2\|u-\hat{u}_n\|_* + \sup_{\hat{v}\in\mathring{V}_*} \frac{|a_*(u,\hat{v})-(f,\hat{v})|}{\|\hat{v}\|_*} \tag{7.4.6}$$

この評価の導出が(6.9.7)の導出と大きく異なる点は，ここでの試験関数 $\hat{U}_n$ が一般には $\mathring{K}_n$ に属していないため，新しいセミノルム(7.3.5)を導入してより広い関数空間の中で議論を行わなければならなかった点である．一般に許容関数の属す関数空間の中で摂動を扱う近似を**内近似**(inner approximation)，許容関数の属す空間よりも広い関数空間で摂動を扱う近似を**外近似**(external approximation)と呼ぶことがある．数値積分は内近似の例であり，非適合要素の採用は外近似の例である．

§7.5　要素の境界から生ずる誤差の評価

前述したように，$v\in\mathring{H}_1$ であれば $\|v\|_a=\{a(v,v)\}^{1/2}$ と $\|v\|_*$ との間に差はない．したがって，(7.4.6)の右辺第1項は $2\|u-\hat{u}_n\|_a$ に等しく，われわれの場合(6.6.1)よりこれが h のオーダーであることをすでに見てある．そこで，(7.4.6)の右辺第2項を調べてみることにしよう．

u を(7.3.1)，(7.3.2)の厳密解，$\hat{v}$ を $\mathring{V}_*$ の任意の元としよう．このとき，(7.3.4)に対して各三角形要素ごとにGreenの公式(4.1.9)を適用すると

$$\begin{aligned} a_*(u,\hat{v}) &= -\sum_\tau \iint_\tau \hat{v}\Delta u dxdy + \sum_\tau \int_{\partial\tau} \frac{\partial u}{\partial n}\hat{v}d\sigma \\ &= -\iint_G \hat{v}\Delta u dxdy + \sum_\tau \int_{\partial\tau} \frac{\partial u}{\partial n}\hat{v}d\sigma \\ &= (f,\hat{v}) + \sum_\tau \int_{\partial\tau} \frac{\partial u}{\partial n}\hat{v}d\sigma \end{aligned} \tag{7.5.1}$$

が成り立つ．$\partial\tau$ は三角形要素 τ の3辺を表す．したがって，右辺第2項を三角形要素の辺 l ごとの和に直すと，上式は

$$a_*(u,\hat{v})-(f,\hat{v}) = \sum_l \int_l \frac{\partial u}{\partial n}([\hat{v}]_1-[\hat{v}]_2)d\sigma \tag{7.5.2}$$

となる．ただし，$[\ ]_1$，$[\ ]_2$ はそれぞれ辺 l をはさむ両側の三角形要素 τ_1，τ_2 における l での極限値を表す．また，外向き単位法線 n は，τ_1 から τ_2 へ向かう方向にとるものとする．

ところで，われわれの考えている非適合関数 $\hat{v}$ は，三角形要素の内部で1次

関数で，かつ各辺の中点で値を一致させるように選んであるので，明らかに

$$\int_l([\hat{v}]_1-[\hat{v}]_2)d\sigma=0 \tag{7.5.3}$$

を満足する．したがって，p_0 をある0次の多項式，つまりある定数とすると，(7.5.2)は次のように変形することができる．

$$a_*(u,\hat{v})-(f,\hat{v})=\sum_l\int_l\left(\frac{\partial u}{\partial n}-p_0\right)([\hat{v}]_1-[\hat{v}]_2)d\sigma \tag{7.5.4}$$

p_0 としてとくに辺 l の中点のまわりでの $\partial u/\partial n$ の Taylor 展開の第1項をとると，

$$\left|\frac{\partial u}{\partial n}-p_0\right|\leq C'h\max_{\substack{(x,y)\in\tau_1,\tau_2\\|m|=2}}|D^m u| \tag{7.5.5}$$

が成立する．C' は三角形要素に依存しない定数にとることができるものとする．したがって，(7.5.4)に Schwarz の不等式(3.1.14)を適用することにより

$$\begin{aligned}&|a_*(u,\hat{v})-(f,\hat{v})|\\&\leq C'h\{\max_{\substack{(x,y)\in G\\|m|=2}}|D^m u|\}\sum_l\left[\int_l|[\hat{v}]_1-[\hat{v}]_2|^2d\sigma\right]^{1/2}\end{aligned} \tag{7.5.6}$$

が得られる．h は三角形要素の最大辺の長さである．

$\hat{v}$ が $\mathring{V}_*$ の元のとき，(7.5.6)の最後の項は実は

$$\begin{aligned}&\int_l|[\hat{v}]_1-[\hat{v}]_2|^2d\sigma\\&\leq C''h\left[\iint_{\tau_1}\left[\left(\frac{\partial\hat{v}}{\partial x}\right)^2+\left(\frac{\partial\hat{v}}{\partial y}\right)^2\right]dxdy+\iint_{\tau_2}\left[\left(\frac{\partial\hat{v}}{\partial x}\right)^2+\left(\frac{\partial\hat{v}}{\partial y}\right)^2\right]dxdy\right]\end{aligned} \tag{7.5.7}$$

のように評価されることがわかる．これを見るために，まず回転と平行移動から成る1次変換

$$\begin{cases}x=x'\cos\theta-y'\sin\theta+x_0\\y=x'\sin\theta+y'\cos\theta+y_0\end{cases} \tag{7.5.8}$$

を導入しよう．(x_0,y_0) は三角形要素 τ_1 と τ_2 の境界 l の中点の座標である．この変換によって，xy 平面上の二つの三角形要素 τ_1 と τ_2 は形と大きさを変えずに $x'y'$ 平面上の二つの三角形要素 τ_1' と τ_2' に写像され，τ_1 と τ_2 の境界 l は x'

軸上の線分 l' に写像される．そして，l' の中点は $x'y'$ 平面の原点に一致する．このとき，上の変換のヤコビアンは明らかに 1 であり，またこの場合とくに $d\sigma=dx'$ である．これらのことに注意しながら微分と積分を変換すると，不等式(7.5.7)は同じ形の次の不等式に変換されることが容易に確かめられる．

$$\int_{l'}|[\hat{v}]_1-[\hat{v}]_2|^2dx' \le C''h\left[\iint_{\tau_1'}\left[\left(\frac{\partial\hat{v}}{\partial x'}\right)^2+\left(\frac{\partial\hat{v}}{\partial y'}\right)^2\right]dx'dy'+\iint_{\tau_2'}\left[\left(\frac{\partial\hat{v}}{\partial x'}\right)^2+\left(\frac{\partial\hat{v}}{\partial y'}\right)^2\right]dx'dy'\right] \tag{7.5.9}$$

したがって，不等式(7.5.7)を証明するためには，図 7.3 に示すようにはじめから三角形要素 τ_1 および τ_2 の境界が x 軸上にあって，しかもその中点が原点に一致している場合についてこれを証明すればよいことになる．

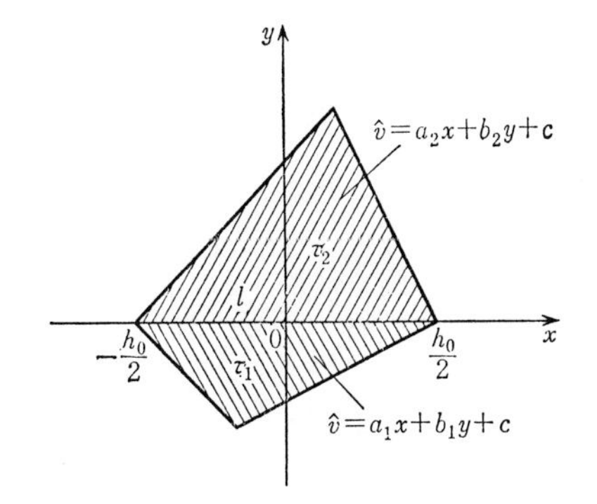

図 7.3 二つの三角形要素における 1 次関数

境界 l の長さを h_0 とする．各三角形要素はほぼ同じ大きさで，形状も極端につぶれたものは存在しないとして，各々の三角形要素 τ の面積 S_τ に関して次の仮定を置く．

$$C_0h^2 \le S_\tau \tag{7.5.10}$$

C_0 は h によらないある定数である．τ_1 および τ_2 における 1 次関数 $\hat{v}$ は次のように書くことができる．

$$\hat{v}=\begin{cases} a_1x+b_1y+c \ ; & \tau_1 \text{ において} \\ a_2x+b_2y+c \ ; & \tau_2 \text{ において} \end{cases} \tag{7.5.11}$$

l の中点，すなわち原点で値が一致するから，あらかじめ定数項は共通の値 c

にとってある．このとき，

$$
\begin{aligned}
&\int_l |[\hat{v}]_1-[\hat{v}]_2|^2 d\sigma \\
&\quad = \int_{-h_0/2}^{h_0/2} \{(a_1-a_2)x\}^2 dx = \frac{h_0^3}{12}(a_1-a_2)^2 \\
&\quad \leq \frac{h_0^3}{6}(a_1^2+a_2^2) \leq \frac{h^3}{6}(a_1^2+a_2^2) \\
&\quad \leq \frac{h^3}{6}\{(a_1^2+b_1^2)+(a_2^2+b_2^2)\}
\end{aligned}
\tag{7.5.12}
$$

となる．一方，τ_1 および τ_2 の面積をそれぞれ S_1 および S_2 とすると，(7.5.11) および(7.5.10)より

$$
\begin{aligned}
&\iint_{\tau_1}\left[\left(\frac{\partial \hat{v}}{\partial x}\right)^2+\left(\frac{\partial \hat{v}}{\partial y}\right)^2\right]dxdy+\iint_{\tau_2}\left[\left(\frac{\partial \hat{v}}{\partial x}\right)^2+\left(\frac{\partial \hat{v}}{\partial y}\right)^2\right]dxdy \\
&\quad = S_1(a_1^2+b_1^2)+S_2(a_2^2+b_2^2) \\
&\quad \geq C_0h^2[(a_1^2+b_1^2)+(a_2^2+b_2^2)]
\end{aligned}
\tag{7.5.13}
$$

が得られる．したがって，(7.5.12)および(7.5.13)より，$C''=1/(6C_0)$ と置けば(7.5.7)が成り立つことが結論される．

さらに，一般に $A_l \geq 0$ のとき(7.3.10)より

$$
\sum_{l=1}^{L} A_l^{1/2} \leq \sqrt{L}\left\{\sum_{l=1}^{L} A_l\right\}^{1/2} \tag{7.5.14}
$$

が成り立つこと，および L を領域内の三角形要素の辺の総数とするとき $\sqrt{L}\times h$ がほぼ領域のさしわたしの数倍程度の値になることから，(7.5.6)は結局次のように評価される．

$$
|a_*(u,\hat{v})-(f,\hat{v})| \leq Ch\{\max_{\substack{(x,y)\in G \\ |m|=2}} |D^m u|\}\|\hat{v}\|_* \tag{7.5.15}
$$

§7.6　非適合要素により生ずる誤差

不等式(7.5.15)から，任意の $\hat{v}\in \mathring{V}_*$ に対して

$$
\frac{|a_*(u,\hat{v})-(f,\hat{v})|}{\|\hat{v}\|_*} \leq Ch \max_{\substack{(x,y)\in G \\ |m|=2}} |D^m u| \tag{7.6.1}
$$

が導かれる．これが(7.4.6)の右辺第2項の摂動誤差のオーダーを与える評価式である．$\|u-\hat{u}_n\|_*$ が h のオーダーであることはすでに前節のはじめに見て

ある．したがって，いまの問題にわれわれの非適合要素を使っても，誤差に著しく大きな影響は与えないことがわかる．

セミノルム(7.3.5)はvが定数関数の場合には0になる．したがって，このセミノルムによる評価が小さいからといって直ちに誤差が小さいとは結論できない．しかし，上で比較した$\mathring{V}_*$の関数はいずれも境界の辺の中点で値が0であり，かつ三角形要素の各辺の中点で曲がりなりにも連続性が保たれている．そのために，誤差のセミノルムが小さいことから誤差が小さいことが結論されるのである．このように，一般にセミノルムで誤差を評価する場合には，セミノルムに含まれる微分より低い階数の微分に関して何らかの制約条件が別に存在していることが必要である．

数値積分あるいは上の非適合要素による摂動誤差の評価において対象とした線形汎関数は，いずれもそれに含まれる変数としての関数が0次または1次の多項式のときには0になった．たとえば，(7.5.2)の右辺をuの線形汎関数

$$F[u]=\sum_{l}\int_{l}\frac{\partial u}{\partial n}([v]_1-[v]_2)d\sigma \tag{7.6.2}$$

とみなすとき，この線形汎関数はuが1次関数，すなわち$\partial u/\partial n$が定数関数p_0のときには0になった．そしてこれらの摂動誤差の解析では，この性質を利用して，線形汎関数の中の関数をその関数自身と適当な多項式との差で置き換えてしまうという技巧を用いた．この技巧の一般化を数学的に保証する定理は**Bramble-Hilbertの補題**といい，摂動誤差の評価にしばしば利用される．

§7.7 混　合　法

高階の微分を含む問題は，低次の微分を含む連立の問題に変換して処理することも可能である．ここでは，簡単のために次のような1次元の4階の微分方程式を例にとってこの手順を説明しよう．

$$\begin{cases} \dfrac{d^4u}{dx^4}=f & (7.7.1) \\ u(0)=u(1)=0 & (7.7.2) \\ u''(0)=u''(1)=0 & (7.7.3) \end{cases}$$

これは，いわゆる単純支持はりの問題である．ここで，曲げモーメントに相当

する量 u'' を

$$w=\frac{d^2u}{dx^2} \tag{7.7.4}$$

と置くことにより，(7.7.1)は次の連立微分方程式に変換される．

$$\begin{cases} \dfrac{d^2u}{dx^2}-w=0 & (7.7.5) \\[2ex] \dfrac{d^2w}{dx^2}=f & (7.7.6) \end{cases}$$

境界条件は

$$\begin{cases} u(0)=u(1)=0 & (7.7.7) \\ w(0)=w(1)=0 & (7.7.8) \end{cases}$$

となる．

上の方程式の弱形式を導くためには，境界条件(7.7.7), (7.7.8)に注目して，§2.2で導入した関数空間 $\mathring{H}_1$ の元 v を両辺に乗じ，積分すればよい．そして，部分積分を行って境界条件(7.7.7), (7.7.8)を考慮に入れれば，次の連立の弱形式の方程式が導かれる．

$$\begin{cases} \displaystyle\int_0^1\left(\frac{du}{dx}\frac{dv}{dx}+wv\right)dx=0, \quad {}^\forall v\in\mathring{H}_1 & (7.7.9) \\[2ex] \displaystyle\int_0^1\left(\frac{dw}{dx}\frac{dv}{dx}+fv\right)dx=0, \quad {}^\forall v\in\mathring{H}_1 & (7.7.10) \end{cases}$$

もとの方程式は4階の微分方程式であったにもかかわらず，この方程式には単に1階微分が現れているのみである．したがって，この問題を解くには，連続な区分的1次多項式を使えば十分である．

区分的1次の基底関数(1.3.3)によって u および w をそれぞれ次の形に近似しよう．

$$\begin{cases} \hat{u}_n(x)=\displaystyle\sum_{j=1}^{n-1}a_j\hat{\varphi}_j(x) & (7.7.11) \\[2ex] \hat{w}_n(x)=\displaystyle\sum_{j=1}^{n-1}b_j\hat{\varphi}_j(x) & (7.7.12) \end{cases}$$

これらを(7.7.9), (7.7.10)に代入し，v として $\hat{\varphi}_j,\ j=1,2,\cdots,n-1$ をとれば，

a_j, b_j, $j=1,2,\cdots,n-1$ を未知数とする $2(n-1)\times 2(n-1)$ 行列を係数行列にもつ連立1次方程式が導かれ，これを解くことにより一つの有限要素解が得られる．

ここで考えた問題では，具体的には u ははりの変位，w ははりの曲げモーメントに対応している．このように，異なる2種類以上の物理量を混ぜて一つの汎関数を構成し，それを停留にするという条件からそれぞれの近似解を求める方法を，**混合法**(mixed method)という．混合法には第14章の最後で再びふれるであろう．

§7.8　汎関数の停留性

上に得た弱形式の方程式(7.7.9),(7.7.10)は，汎関数

$$J[u,w]=-\frac{1}{2}\int_0^1\left(2\frac{du}{dx}\frac{dw}{dx}+w^2+2fu\right)dx \tag{7.8.1}$$

の停留条件から導くこともできる．実際，$\eta,\zeta\in\mathring{H}_1$ として，$u+\varepsilon\eta$，$w+\varepsilon'\zeta$ をそれぞれ(7.8.1)の u, w に代入すると

$$\begin{aligned}&J[u+\varepsilon\eta, w+\varepsilon'\zeta]\\&\quad=J[u,w]+\varepsilon\int_0^1\left(\frac{d^2w}{dx^2}-f\right)\eta dx+\varepsilon'\int_0^1\left(\frac{d^2u}{dx^2}-w\right)\zeta dx\\&\qquad-\left\{\varepsilon\varepsilon'\int_0^1\frac{d\eta}{dx}\frac{d\zeta}{dx}dx+\frac{1}{2}\varepsilon'^2\int_0^1\zeta^2dx\right\}\end{aligned} \tag{7.8.2}$$

となるが，第1変分が0になることから直ちに(7.7.5)と(7.7.6)が導かれる．ところが，第2変分は $\varepsilon\varepsilon'$ の項のために符号は一定とはいえない．すなわち，$J[u,w]$ は停留点の近傍で正定値でも負定値でもない．つまり，(7.7.5)-(7.7.8)の解は，汎関数(7.8.1)の停留点になってはいるが，その極小点でも極大点でもないのである．したがって，第3章で行ったような正定値性に基づく誤差評価法は，このような場合には利用することができない．

第8章　1次元熱伝導方程式

§8.1　空間変数の離散化

有限要素法は，拡散問題や振動問題など，時間に依存する非定常問題にも適用することができる．その原理を理解するために，まず拡散問題の典型例として，区間$(0,1)$において次の1次元熱伝導問題を考えよう．

$$
\begin{cases}
\dfrac{\partial u(x,t)}{\partial t}=\sigma\dfrac{\partial^2 u(x,t)}{\partial x^2} & (8.1.1)\\
u(0,t)=u(1,t)=0 & (8.1.2)\\
u(x,0)=u_0(x) & (8.1.3)
\end{cases}
$$

$u(x,t)$は時刻tにおける点xの温度である．σは熱拡散係数で，ここでは定数とする．簡単のために，両端の温度はつねに0と置いた．$u_0(x)$は初期温度分布を表している．

この問題は2つの独立変数x, tをもつので，これを2次元のxt平面上の問題としてとらえ，前章で述べた2次元の有限要素法を適用することも可能である．しかし，時間変数tと空間変数xとは本質的に性質の異なる物理量であり，tとxを対等に取り扱うよりは，むしろ離散化の操作をtとxについて独立に行う方が自然であろう．とくに，空間変数が2次元あるいは3次元の場合には，そうした方が直感的な理解も得られやすい．

そこで，まず空間変数xの離散化から始めよう．この段階は定常問題の場合とまったく同様である．すなわち，xの区間$(0,1)$をきざみ幅$h=1/n$で等分して，節点

$$
x_j=jh,\qquad j=0,1,\cdots,n \tag{8.1.4}
$$

をとる．そして，(1.3.3)と同じ基底関数$\hat{\varphi}_j(x)$, $j=1,2,\cdots,n$を構成する．この基底関数は時間tには依存しないことに注意しよう．次の段階は，非定常問題の近似解法として物理学などで広く用いられている方法を適用することである．すなわち，$u(x,t)$に対する近似解$\hat{u}_n(x,t)$を$\{\hat{\varphi}_j(x)\}$を用いて次の形に展開

する．

$$\hat{u}_n(x,t)=\sum_{j=1}^{n-1}a_j(t)\hat{\varphi}_j(x) \tag{8.1.5}$$

時間依存性は，展開係数 a_j にくり入れたわけである．これを(8.1.1)に代入し，両辺に $\hat{\varphi}_k(x)$ を乗じて(0,1)で積分する．そして，部分積分を行って，境界条件(8.1.2)を考慮に入れると，次の方程式が得られる．

$$\sum_{j=1}^{n-1}\left(\int_0^1\hat{\varphi}_j\hat{\varphi}_k dx\right)\frac{da_j}{dt}+\sum_{j=1}^{n-1}\sigma\left(\int_0^1\frac{d\hat{\varphi}_j}{dx}\frac{d\hat{\varphi}_k}{dx}dx\right)a_j=0,\qquad k=1,2,\cdots,n-1 \tag{8.1.6}$$

初期条件(8.1.3)も次の弱形式に表しておく．

$$\sum_{j=1}^{n-1}\left(\int_0^1\hat{\varphi}_j\hat{\varphi}_k dx\right)a_j(0)=\int_0^1 u_0\hat{\varphi}_k dx,\qquad k=1,2,\cdots,n-1 \tag{8.1.7}$$

ここで，

$$\boldsymbol{a}=\boldsymbol{a}(t)=\begin{pmatrix}a_1(t)\\ a_2(t)\\ \vdots\\ a_{n-1}(t)\end{pmatrix} \tag{8.1.8}$$

$$\boldsymbol{a}_0=\boldsymbol{a}(0) \tag{8.1.9}$$

と置くと，(8.1.6), (8.1.7)は次の形に書くことができる．

$$M\frac{d\boldsymbol{a}}{dt}+K\boldsymbol{a}=0 \tag{8.1.10}$$

$$M\boldsymbol{a}_0=\boldsymbol{u}_0 \tag{8.1.11}$$

ただし，$\boldsymbol{u}_0$ は

$$\int_0^1 u_0\hat{\varphi}_k dx \tag{8.1.12}$$

を第 k 成分にもつ $n-1$ 次元ベクトルである．行列 M および K の成分はそれぞれ(1.4.4)および(1.4.5)から計算される．つまり，M および K は，定常問題のときの質量行列および剛性行列に対応するものである．

$$M=\frac{h}{6}\begin{bmatrix} 4 & 1 & & & & \\ 1 & 4 & 1 & & 0 & \\ & 1 & 4 & \ddots & & \\ & & \ddots & \ddots & \ddots & \\ & 0 & & \ddots & 4 & 1 \\ & & & & 1 & 4 \end{bmatrix} \tag{8.1.13}$$

$$K=\frac{\sigma}{h}\begin{bmatrix} 2 & -1 & & & & \\ -1 & 2 & -1 & & 0 & \\ & -1 & 2 & \ddots & & \\ & & \ddots & \ddots & \ddots & \\ & 0 & & \ddots & 2 & -1 \\ & & & & -1 & 2 \end{bmatrix} \tag{8.1.14}$$

§8.2　時間変数の離散化

方程式(8.1.10)は，$a_j(t)$, $j=1, 2, \cdots, n$ に関する $n-1$ 元連立線形常微分方程式である．これを近似的に解くために，次に時間 t の離散化を行う．

時間に関して等間隔なきざみ幅 Δt をとり，これを

$$t_k = k\Delta t, \qquad k = 0, 1, 2, \cdots \tag{8.2.1}$$

のように離散化する．そして，(8.1.10) の左辺の時間微分を次のように**時間差分**で近似する．

$$\frac{d\boldsymbol{a}}{dt} \doteqdot \frac{\boldsymbol{a}(t+\Delta t)-\boldsymbol{a}(t)}{\Delta t} \tag{8.2.2}$$

こうして，微分方程式(8.1.10)は次の差分方程式で置き換えられたことになる．

$$M\frac{\boldsymbol{a}((k+1)\Delta t)-\boldsymbol{a}(k\Delta t)}{\Delta t}+K\boldsymbol{a}(k\Delta t) = 0 \tag{8.2.3}$$

これは次のように書くこともできる．

$$M\boldsymbol{a}((k+1)\Delta t) = (M-\Delta tK)\boldsymbol{a}(k\Delta t), \qquad k = 0, 1, 2, \cdots \tag{8.2.4}$$

$\boldsymbol{a}(t)$ の初期条件を(8.1.11)から $\boldsymbol{a}_0=M^{-1}\boldsymbol{u}_0$ の形に求め，これを出発値とする．そして，各々の $k=0, 1, 2, \cdots$ に対して，(8.2.4)の右辺 $(M-\Delta tK)\boldsymbol{a}(k\Delta t)$ を計算し，この連立1次方程式を未知数 $\boldsymbol{a}((k+1)\Delta t)$ について逐次解いてゆけば，近似解(8.1.5)が求められるわけである．

差分方程式(8.2.3)の左辺第2項には，時刻 $t=k\Delta t$ における値を採用したが，

ここに $t=(k+1)\Delta t$ における値を採用して

$$(M+\Delta tK)\boldsymbol{a}((k+1)\Delta t) = M\boldsymbol{a}(k\Delta t) \tag{8.2.5}$$

を逐次解くことも考えられる．あるいはさらに一般に，パラメータ θ によって両者を適当に混合した次の形を使うことも可能である．

$$M\frac{\boldsymbol{a}((k+1)\Delta t)-\boldsymbol{a}(k\Delta t)}{\Delta t}+K\{\theta\boldsymbol{a}((k+1)\Delta t)+(1-\theta)\boldsymbol{a}(k\Delta t)\} = 0,$$
$$0 \leq \theta \leq 1 \tag{8.2.6}$$

これを変形すれば

$$(M+\theta\Delta tK)\boldsymbol{a}((k+1)\Delta t) = (M-(1-\theta)\Delta tK)\boldsymbol{a}(k\Delta t) \tag{8.2.7}$$

となるが，$\theta=0$ の(8.2.4)を**前進型スキーム**，$\theta=1$ の(8.2.5)を**後退型スキーム**と呼ぶ．この他，とくに $\theta=1/2$ と選んだ

$$\left(M+\frac{1}{2}\Delta tK\right)\boldsymbol{a}((k+1)\Delta t) = \left(M-\frac{1}{2}\Delta tK\right)\boldsymbol{a}(k\Delta t) \tag{8.2.8}$$

は **Crank-Nicolson スキーム**と呼ばれ，よく利用される．

上述の定式化では，弱形式で統一するという立場から，初期条件も(8.1.7)のように弱形式に直して扱った．この形で定められる係数 $\boldsymbol{a}_0=\boldsymbol{a}(0)$ は，

$$\int_0^1\left(u_0(x)-\sum_{j=1}^{n-1}a_j(0)\hat{\varphi}_j(x)\right)^2dx \tag{8.2.9}$$

を最小にするという条件を満たしていることは容易に確かめられる．しかし，初期条件を取り扱う方法は他にも考えられる．たとえば，初期条件を直接とり入れて

$$a_j(0) = u_0(x_j), \qquad j = 1, 2, \cdots, n-1 \tag{8.2.10}$$

とするのも，一つの有力な方法であろう．

§8.3　集中質量近似

質量行列はいまの場合3重対角行列である．したがって，$\theta\neq0$ のときはもちろん，$\theta=0$ であっても(8.2.7)は連立1次方程式になる．いずれにせよ，この方程式を時刻 t_k ごとに何度も解いてゆかなければならない．しかし，もしも質量行列 M を適当な対角行列で置き換えることができるならば，連立1次方程式を解くことなく，計算をきわめて少ない手間で実行できることになる．

質量行列の要素の定義式には，基底関数$\hat{\varphi}_k$の微分は含まれていない．したがって，この部分の計算だけに限れば，基底関数に微分可能性を仮定する必要はない．そこで，$\hat{\varphi}_k$のときと同様に，まず区間$(0,1)$をn等分して，次のようなきわめて単純な基底関数$\bar{\varphi}_k$を導入する(図8.1).

$$\bar{\varphi}_k(x)=\begin{cases}0\ ; & 0\leq x<\frac{1}{2}(x_{k-1}+x_k)\\ 1\ ; & \frac{1}{2}(x_{k-1}+x_k)\leq x<\frac{1}{2}(x_k+x_{k+1})\\ 0\ ; & \frac{1}{2}(x_k+x_{k+1})\leq x\leq 1\end{cases} \tag{8.3.1}$$

これは，区分的0次関数である．

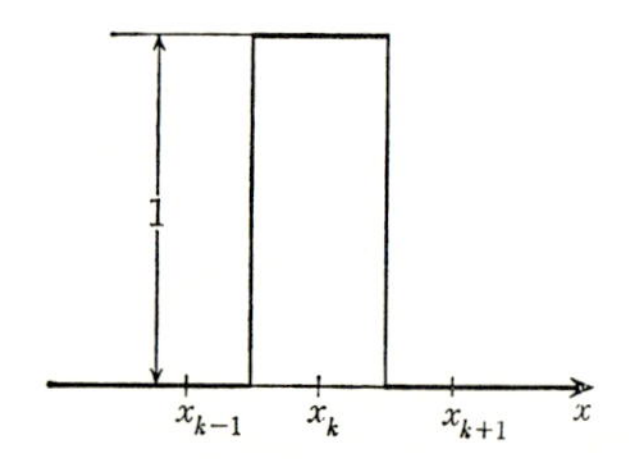

図8.1　区分的定数の基底関数$\bar{\varphi}_k$

この基底関数を用いると，質量行列Mのij成分は次のようになる．

$$\int_0^1\bar{\varphi}_i\bar{\varphi}_j dx=\begin{cases}h\ ; & i=j\\ 0\ ; & i\neq j\end{cases} \tag{8.3.2}$$

質量行列の計算において$\hat{\varphi}_k$を$\bar{\varphi}_k$で置き換えることを，質量の**集中化**(lumping)という．つまり，質量集中化を行った場合の質量行列は

$$M=hI \tag{8.3.3}$$

で与えられる．Iは単位行列である．もとの方程式(8.1.1)の左辺に空間変数に依存する係数がかかっているような場合でも，この基底関数を採用すれば質量行列は対角行列になる．したがって，その場合(8.2.4)は連立1次方程式ではなく，単に算術的割り算によって解が求められるのである．

質量行列Mの計算に区分定数関数(8.3.1)を使って導いた方程式系を，**集中質量系**(lumped mass system)という．それに対し，質量行列Mの計算にも剛性行列Kと同様に区分的1次関数を使って導いた方程式系を，MとKの間に整合性が保たれているという意味で**整合質量系**(consistent mass system)と呼

んでいる．整合質量系のことを**分布質量系**と呼ぶこともある．くり返しになるが，集中質量近似は，方程式(8.1.6)の左辺第1項の被積分関数を

$$\hat{\varphi}_j\hat{\varphi}_k \longrightarrow \bar{\varphi}_j\bar{\varphi}_k \tag{8.3.4}$$

のように置き換えるだけである．そして，そのようにして導かれた方程式(8.2.4)の解 $\boldsymbol{a}(k\Delta t)$ を，(8.1.5)の右辺に代入して近似解とする．すなわち，集中質量系の場合でも近似解自体はあくまで区分的1次関数である．

上述したように，集中質量近似を導入した目的は元来は質量行列を対角化することによって連立1次方程式を解く過程を省くことにあると考えられる．しかし，後に述べるように，集中質量近似は整合質量近似よりも一般に解がより安定になる．そのために，(8.2.6)において $\theta=0$ の場合だけでなく，$\theta\neq 0$ の場合にもしばしば集中質量近似が採用されるのである．

§8.4　有限要素法と差分法との関係

方程式(8.1.1)の有力な数値解法として，**差分法**が古くから知られている．空間変数 x をきざみ幅 h で，また時間変数 t をきざみ幅 Δt で離散化し，(8.1.1)の微分を差分で近似すると次のようになる．

$$\frac{u(jh,(k+1)\Delta t)-u(jh,k\Delta t)}{\Delta t}$$
$$=\sigma\frac{u((j-1)h,k\Delta t)-2u(jh,k\Delta t)+u((j+1)h,k\Delta t)}{h^2} \tag{8.4.1}$$

これは，いわゆる**前進差分スキーム**(forward difference scheme)である．右辺の u の値として $t=(k+1)\Delta t$ におけるものをとれば，**後退差分スキーム**(backward difference scheme)となる．両辺に $h\Delta t$ を乗じた後，適当に変形することにより，(8.4.1)は次の形に帰着できる．

$$M\boldsymbol{u}((k+1)\Delta t) = (M-\Delta tK)\boldsymbol{u}(k\Delta t) \tag{8.4.2}$$

ただし，$\boldsymbol{u}(t)$ は $u(jh,t)$ を第 j 成分にもつベクトルで，M は(8.3.3)，K は(8.1.14)で与えられる行列である．

有限要素解を(8.1.5)の形にとると，

$$\hat{u}_n(jh,t) = a_j(t) \tag{8.4.3}$$

の関係が成り立つから，いま考察している簡単なモデル問題では実は差分スキ

ーム(8.4.2)と集中質量近似による有限要素スキーム(8.2.4)はまったく同じものであることがわかる．すなわち，初期値が共通ならば，両者の解は節点で一致する．

このように，有限要素法は差分法と密接な関係がある．しかし，一般の場合には，有限要素法の行列の成分は該当する節点の近傍における積分形で与えられ，一方，差分法の行列の成分は該当する節点における関数値自体で与えられる．つまり，差分法では原則としてある点での関数値を直接採用しているのに対し，有限要素法ではつねに積分による平均操作をほどこした値を採用しているのである．ただし，この差異から生ずる数値的な差は一般にはわずかであろう．

§8.5　集中質量近似の誤差

スキーム(8.2.6)あるいは(8.2.7)によって与えられる有限要素解

$$a_j^k = a_j(k\Delta t) = \hat{u}_n(x_j, k\Delta t) \tag{8.5.1}$$

の誤差を調べよう．与えられた問題(8.1.1)-(8.1.3)の厳密解の節点 $x=x_j$，時刻 $t=k\Delta t$ における値を

$$u_j^k = u(x_j, k\Delta t) \tag{8.5.2}$$

と置く．

まずはじめに，集中質量系を考察する．その場合のスキーム(8.2.6)に $1/h$ を乗じたものを(8.3.3)に注意しながら具体的に書き下すと，次のようになる．

$$\begin{aligned}\frac{1}{\Delta t}(a_j^{k+1}-a_j^k)+\frac{\sigma}{h^2}\{\theta(-a_{j-1}^{k+1}+2a_j^{k+1}-a_{j+1}^{k+1})\\ +(1-\theta)(-a_{j-1}^k+2a_j^k-a_{j+1}^k)\} = 0\end{aligned} \tag{8.5.3}$$

一方，厳密解 u は十分なめらかであると仮定して，u_j^{k+1} あるいは u_j^k などをすべて点 $(x_j, (k+1/2)\Delta t)$ のまわりで2変数の Taylor 級数に展開すると，次の関係を得る．

$$\frac{u_j^{k+1}-u_j^k}{\Delta t} = \frac{\partial u}{\partial t}\left(x_j, \left(k+\frac{1}{2}\right)\Delta t\right)+O(\Delta t^2) \tag{8.5.4}$$

$$\theta\left(\frac{-u_{j-1}^{k+1}+2u_j^{k+1}-u_{j+1}^{k+1}}{h^2}\right)+(1-\theta)\left(\frac{-u_{j-1}^k+2u_j^k-u_{j+1}^k}{h^2}\right)$$

$$= -\frac{\partial^2 u}{\partial x^2}\left(x_j, \left(k+\frac{1}{2}\right)\Delta t\right) - \left\{\sigma\left(\theta-\frac{1}{2}\right)\Delta t + \frac{1}{12}h^2\right\}\frac{\partial^4 u}{\partial x^4}\left(x_j, \left(k+\frac{1}{2}\right)\Delta t\right)$$
$$+O(\Delta t^2)+O(h^2\Delta t)+O(h^4) \quad (8.5.5)$$

ここで，u が(8.1.1)を満たすことを使った．したがって，いま有限要素解の誤差を

$$e_j^k = a_j^k - u_j^k \quad (8.5.6)$$

と置くと，u_j^k が

$$\frac{\partial u}{\partial t}\left(x_j, \left(k+\frac{1}{2}\right)\Delta t\right) = \sigma\frac{\partial^2 u}{\partial x^2}\left(x_j, \left(k+\frac{1}{2}\right)\Delta t\right) \quad (8.5.7)$$

を満足する厳密解であることおよび(8.5.3), (8.5.4), (8.5.5)より，誤差 e_j^k は次のスキームを満足することがわかる．

$$\frac{1}{\Delta t}(e_j^{k+1}-e_j^k)+\frac{\sigma}{h^2}\{\theta(-e_{j-1}^{k+1}+2e_j^{k+1}-e_{j+1}^{k+1})+(1-\theta)(-e_{j-1}^k+2e_j^k-e_{j+1}^k)\}$$
$$= r_j^k \quad (8.5.8)$$

ただし，

$$r_j^k = \sigma\left\{\sigma\left(\theta-\frac{1}{2}\right)\Delta t+\frac{1}{12}h^2\right\}\frac{\partial^4 u}{\partial x^4}\left(x_j, \left(k+\frac{1}{2}\right)\Delta t\right)$$
$$+O(\Delta t^2)+O(h^2\Delta t)+O(h^4) \quad (8.5.9)$$

である．

ここで，空間変数のきざみ幅 h および時間変数のきざみ幅 Δt は，つねに

$$\frac{\sigma\Delta t}{h^2} = \lambda = \text{定数} \quad (8.5.10)$$

であるように選ぶものと仮定しよう．すると，

$$r_j^k = O(\Delta t) \quad (8.5.11)$$

であり，また誤差の満たすスキーム(8.5.8)は，整理すると次のようになる．

$$-\theta\lambda e_{j-1}^{k+1}+(1+2\theta\lambda)e_j^{k+1}-\theta\lambda e_{j+1}^{k+1}$$
$$= (1-\theta)\lambda e_{j-1}^k+(1-2(1-\theta)\lambda)e_j^k+(1-\theta)\lambda e_{j+1}^k+\Delta t r_j^k \quad (8.5.12)$$

左辺第1項および第3項を右辺に移項すると

$$(1+2\theta\lambda)e_j^{k+1} = \theta\lambda e_{j-1}^{k+1}+\theta\lambda e_{j+1}^{k+1}+(1-\theta)\lambda e_{j-1}^k$$
$$+(1-2(1-\theta)\lambda)e_j^k+(1-\theta)\lambda e_{j+1}^k+\Delta t r_j^k \quad (8.5.13)$$

となる．右辺の第4項の係数を除外すれば，$\Delta t r_j^k$ の項を除く両辺の各項の係数はすべて正または0である．そこで，ここでは右辺第4項の係数も負ではないこと，すなわち

$$1-2(1-\theta)\lambda \geq 0 \tag{8.5.14}$$

を仮定することにする．

さて，

$$\max_{1\leq j\leq n-1} |e_j^k| = e^{(k)} \tag{8.5.15}$$

$$\max_{j,k} |r_j^k| = r \tag{8.5.16}$$

と置こう．境界では近似解は境界条件(8.1.2)に厳密に一致させてあるから，そこでは誤差は生じないと考えられる．いま，時刻 $t=(k+1)\Delta t$ において $|e_j^{k+1}|$ は $j=m$ で最大値をとったとしよう．そして，(8.5.13)で $j=m$ と置く．このとき，(8.5.13)の各項の係数がすべて正または0であることに注意して両辺の絶対値をとると，

$$\begin{aligned}(1+2\theta\lambda)e^{(k+1)} &= (1+2\theta\lambda)|e_m^{k+1}| \\ &\leq \theta\lambda|e_{m-1}^{k+1}|+\theta\lambda|e_{m+1}^{k+1}|+(1-\theta)\lambda|e_{m-1}^k|+(1-2(1-\theta)\lambda)|e_m^k| \\ &\quad +(1-\theta)\lambda|e_{m+1}^k|+\Delta t|r_m^k| \\ &\leq 2\theta\lambda e^{(k+1)}+(1-\theta)\lambda e^{(k)}+(1-2(1-\theta)\lambda)e^{(k)}+(1-\theta)\lambda e^{(k)}+\Delta t\cdot r \\ &\leq 2\theta\lambda e^{(k+1)}+e^{(k)}+\Delta t\cdot r \end{aligned} \tag{8.5.17}$$

となる．したがって

$$e^{(k+1)} \leq e^{(k)}+\Delta t\cdot r \tag{8.5.18}$$

を得る．$k=0$ から逐次代入を行えば，この不等式より

$$\begin{aligned} e^{(k)} &\leq e^{(0)}+(k\Delta t)r \\ &= e^{(0)}+tO(\Delta t), \qquad t = k\Delta t \end{aligned} \tag{8.5.19}$$

が導かれる．こうして，初期誤差 $e^{(0)}$ が十分小さく，かつ(8.5.10)および(8.5.14)なる条件の下で Δt を小さくすれば，有限要素解の誤差は小さくおさえられることがわかった．

§8.6　集中質量系の安定性と最大値原理

われわれは誤差評価の過程で(8.5.14)なる条件を仮定した．この条件は単に

誤差評価を導くために便宜的に導入されただけのものではなく，実際の数値計算の立場からも，さらには物理的立場からも重要な意味をもっているのである．

簡単のために$\theta=0$ととると，(8.5.3)のスキームは

$$a_j^{k+1}=\lambda a_{j-1}^k+(1-2\lambda)a_j^k+\lambda a_{j+1}^k \tag{8.6.1}$$

となる．ここで，(8.5.14)の条件が満たされていないと仮定しよう．このとき，$t=k\Delta t$における温度分布がある$j=J$において$a_J^k>0$，他の点では$a_j^k=0$，$j\neq J$であるとすると，(8.6.1)より$a_J^{k+1}<0$となる．つまり，はじめの温度分布が正または0であったにもかかわらず，1ステップ後に負の温度が生じてしまうのである．これは，もとの熱伝導方程式とは相容れない性質の現象である．さら

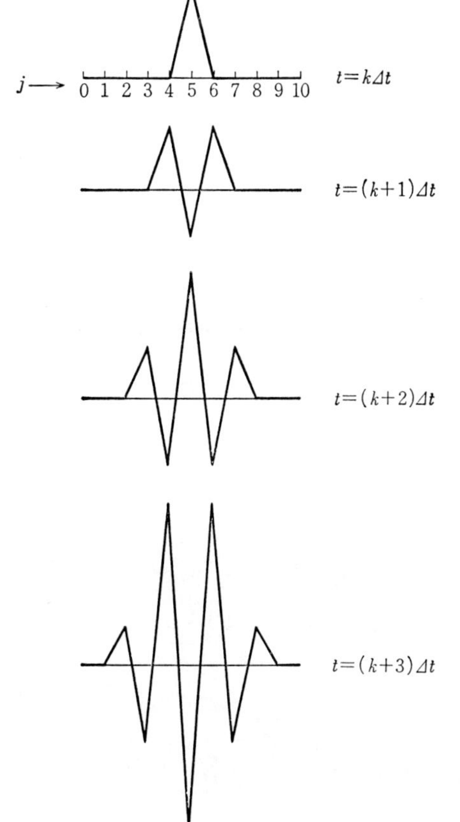

図8.2　不安定なスキームによる結果 ($\theta=0,\ \lambda=3/4$)

に，$t=(k+2)\Delta t, (k+3)\Delta t, \cdots$ に対して計算を続けてゆくと，各時刻における温度分布は極端な振動形を呈し，(8.1.1)-(8.1.3)から期待される自然な温度分布とはかけはなれたものになる．図8.2に $\lambda=3/4$, $J=5$ の場合の a_j^k の変化を示した．このように，(8.5.14)の条件が破れると近似解は極端な不安定性を示す可能性が出てくるのである．その意味で，(8.5.14)の条件，すなわち

$$\frac{1}{2(1-\theta)} \geq \frac{\sigma\Delta t}{h^2} \tag{8.6.2}$$

を，スキームの**安定性の条件**という．

一般に，熱伝導方程式(8.1.1)の厳密解 $u(x,t)$ を2次元帯状領域 $0\leq x\leq 1$, $0\leq t<T$ における2変数関数と見るとき，その最大値および最小値は共に，初期時刻 $t=0$ または境界 $x=0$ あるいは $x=1$ においてとる．これが物理学や数学で知られている最大値原理である．

最大値原理では境界値の大きさが問題になるので，以下境界値は0でなく，

$$a_0(k\Delta t)=g_1(k\Delta t), \qquad a_n(k\Delta t)=g_2(k\Delta t) \tag{8.6.3}$$

としておく．このとき，安定性の条件(8.6.2)が成立していると，実は有限要素スキーム(8.5.3)の解もまた，最大値原理を満足するのである．

ここでは，熱発生源あるいは熱吸収源の存在も考慮に入れて，(8.5.3)に Δt を乗じた式の右辺に非斉次項 $\Delta t f_j^k$ を加えた次のスキームを考察する．

$$\begin{aligned}(a_j^{k+1}-a_j^k)+\frac{\sigma\Delta t}{h^2}\{\theta(-a_{j-1}^{k+1}+2a_j^{k+1}-a_{j+1}^{k+1})+(1-\theta)(-a_{j-1}^k+2a_j^k-a_{j+1}^k)\}\\ =\Delta t f_j^k\end{aligned} \tag{8.6.4}$$

このとき，このスキームに関して次の**最大値原理**(maximum principle)が成り立つ．

$$\begin{aligned}\min\{g_{\min}^{k+1}, a_{\min}^k+\Delta t f_{\min}^k\} &\leq a_j^{k+1}\\ &\leq \max\{g_{\max}^{k+1}, a_{\max}^k+\Delta t f_{\max}^k\}\end{aligned} \tag{8.6.5}$$

ここで，添字maxをもつ量の意味は次の通りである．

$$\left\{\begin{aligned} a_{\max}^k &= \max_{0\leq j\leq n} a_j^k && (8.6.6)\\ g_{\max}^{k+1} &= \max\{g_1((k+1)\Delta t), g_2((k+1)\Delta t)\} && (8.6.7)\\ f_{\max}^k &= \max_{0\leq j\leq n} f_j^k && (8.6.8)\end{aligned}\right.$$

添字 min をもつ量は，上の各式の右辺の max を min で置き換えたもので定義される．不等式 (8.6.5) の右側の不等号の意味は，もし熱源がなければ，$t=(k+1)\Delta t$ における近似解の最大値は，1 ステップ前の $t=k\Delta t$ における最大値または $t=(k+1)\Delta t$ における境界値よりも決して大きくはならないということである．左側の不等号は，最小値に関しても同様のことが成り立つことを示している．

最大値原理 (8.6.5) の証明は，(8.5.18) の証明とまったく同様である．ここでは不等式(8.6.5)の右側の不等号を証明しておこう．$t=(k+1)\Delta t$ において，a_j^{k+1} が境界で最大値をとる場合はこの不等号は自明であるので，a_j^{k+1} は領域の内部，すなわちある $j=m$，$1\leq m\leq n-1$ で最大値をとっていると仮定しよう．このとき，(8.6.4) から導かれる式

$$
\begin{aligned}
(1+2\theta\lambda)a_j^{k+1} &= \theta\lambda a_{j-1}^{k+1}+\theta\lambda a_{j+1}^{k+1}+(1-\theta)\lambda a_{j-1}^k \\
&\quad +(1-2(1-\theta)\lambda)a_j^k+(1-\theta)\lambda a_{j+1}^k+\Delta t f_j^k \qquad (8.6.9)
\end{aligned}
$$

において $j=m$ と置けば，条件 (8.6.2) の下では右辺第 4 項の係数は正になるから，直ちに次の不等式が得られる．

$$
\begin{aligned}
(1+2\theta\lambda)a_m^{k+1} &\leq \theta\lambda a_{m-1}^{k+1}+\theta\lambda a_{m+1}^{k+1}+(1-\theta)\lambda a_{\max}^k \\
&\quad +(1-2(1-\theta)\lambda)a_{\max}^k+(1-\theta)\lambda a_{\max}^k+\Delta t f_{\max}^k \\
&\leq 2\theta\lambda a_m^{k+1}+a_{\max}^k+\Delta t f_{\max}^k \qquad (8.6.10)
\end{aligned}
$$

すなわち

$$
a_m^{k+1} \leq a_{\max}^k+\Delta t f_{\max}^k \qquad (8.6.11)
$$

が成り立つ．最小値に関する右側の不等号の証明も同様である．

安定性の条件 (8.6.2) は，$\theta=1$ であればつねに成立する．すなわち，後退型の集中質量スキームは**無条件安定**である．しかし，$\theta<1$ のときにはつねに，時間変数のきざみ幅を小さくするときには，空間変数のきざみ幅はその 2 乗に比例して小さくしなければならないのである．

ここで調べたスキームは 1 次元のきわめて単純な問題に対するものである．より一般の問題であっても，誤差を与えるスキームは (8.5.8) のように近似解を計算するためのスキームの右辺に非斉次項 r_j^k を置いた形をもつ．この r_j^k は，近似解を与えるスキームと厳密解を与える微分方程式との差を表すものである．上で見たように，この r_j^k がしかるべく小さく，かつスキームが最大値原理を

満たしていれば，得られる近似解の誤差は小さくおさえられるのである．

§8.7　整合質量系の最大値原理に基づく安定性

質量行列の具体形(8. 1. 13)に注意しながら整合質量スキーム(8. 2. 7)の第 j 行を書き下すと，次のようになる．

$$\left(\frac{1}{6}-\theta\lambda\right)a_{j-1}^{k+1}+\left(\frac{2}{3}+2\theta\lambda\right)a_{j}^{k+1}+\left(\frac{1}{6}-\theta\lambda\right)a_{j+1}^{k+1}$$
$$=\left(\frac{1}{6}+(1-\theta)\lambda\right)a_{j-1}^{k}+\left(\frac{2}{3}-2(1-\theta)\lambda\right)a_{j}^{k}+\left(\frac{1}{6}+(1-\theta)\lambda\right)a_{j+1}^{k} \tag{8.7.1}$$

これまでの議論から，このスキームが安定であるためには左辺第1項と第3項の係数が負または0で，右辺第2項の係数が正または0であればよいことは明らかであろう．すなわち，整合質量系の安定性の条件は次式で与えられる．

$$\frac{1}{6\theta}\leq\frac{\sigma\Delta t}{h^2} \tag{8.7.2}$$

$$\frac{1}{3(1-\theta)}\geq\frac{\sigma\Delta t}{h^2} \tag{8.7.3}$$

不等式(8. 7. 3)は(8. 6. 2)よりも厳しい上に，さらに(8. 7. 2)なる条件も満たさなければならない．したがって，集中質量系は整合質量系に比較して質量行列の形が簡単なだけでなく，安定性の点でもすぐれているのである．

§8.8　行列の固有値と安定性

スキームの安定性は，解くべき連立1次方程式の係数行列の固有値とも密接な関係をもつ．スキーム(8. 2. 7)は，形式的に

$$\boldsymbol{a}((k+1)\Delta t)=(M+\theta\Delta tK)^{-1}(M-(1-\theta)\Delta tK)\boldsymbol{a}(k\Delta t) \tag{8.8.1}$$

と書くことができる．近似解は(8. 8. 1)の形に連立1次方程式を逐次解くことによって計算されるので，その右辺の行列

$$(M+\theta\Delta tK)^{-1}(M-(1-\theta)\Delta tK)$$
$$=(I+\theta\Delta tM^{-1}K)^{-1}(I-(1-\theta)\Delta tM^{-1}K) \tag{8.8.2}$$

の固有値の大きさがスキームの安定性に直接影響を与えることになる．

いま，初期値の誤差を $\boldsymbol{\varepsilon}(0)$ とすると，実際の計算は誤差 $\boldsymbol{\varepsilon}(k\Delta t)$ を含む

$$\begin{aligned}&\{\boldsymbol{a}((k+1)\Delta t)+\boldsymbol{\varepsilon}((k+1)\Delta t)\}\\&\quad=(M+\theta\Delta tK)^{-1}(M-(1-\theta)\Delta tK)\{\boldsymbol{a}(k\Delta t)+\boldsymbol{\varepsilon}(k\Delta t)\}\end{aligned}\tag{8.8.3}$$

の形で実行される．すなわち，誤差は

$$\boldsymbol{\varepsilon}((k+1)\Delta t)=(I+\theta\Delta tM^{-1}K)^{-1}(I-(1-\theta)\Delta tM^{-1}K)\boldsymbol{\varepsilon}(k\Delta t)\tag{8.8.4}$$

に従って伝播する．行列(8.8.2)の一つの固有値を μ，対応する固有ベクトルを $\boldsymbol{v}$ とする．ここで，初期誤差のうち，とくに固有ベクトル $\boldsymbol{v}$ の成分に注目しよう．つまり，ε_0 を小さな数として

$$\boldsymbol{\varepsilon}(0)=\varepsilon_0\boldsymbol{v}\tag{8.8.5}$$

と置いてみる．このとき，(8.8.4)によって，時刻 $t=k\Delta t$ における誤差は

$$\boldsymbol{\varepsilon}(k\Delta t)=\varepsilon_0\mu^k\boldsymbol{v}\tag{8.8.6}$$

となる．これから，もしも行列(8.8.2)の固有値に絶対値が1より大きなものが存在すると，スキーム(8.2.7)の逐次反復と共に誤差が次第に増大してゆくことがわかる．したがって，この逐次反復と共に誤差が増大しないためには，行列(8.8.2)の固有値の絶対値はすべて1以下でなければならないのである．これもまた，スキームの一種の**安定性の条件**である．

§8.9　集中質量系の固有値に基づく安定性条件

行列(8.8.2)の固有値を集中質量系について調べよう．そのために，(8.8.2)に現れる行列 $M^{-1}K$ の第 l 固有値 ν_l と対応する固有ベクトル $\boldsymbol{y}^{(l)}$ を求めておこう．ν_l と $\boldsymbol{y}^{(l)}$ は

$$M^{-1}K\boldsymbol{y}^{(l)}=\nu_l\boldsymbol{y}^{(l)}\tag{8.9.1}$$

を満たすが，これは

$$(K-\nu_lM)\boldsymbol{y}^{(l)}=0\tag{8.9.2}$$

と同値である．K と M の定義(8.1.14)および(8.3.3)に注意し，(8.9.2)の両辺に $-1/h$ を乗じたものの第 j 行を具体的に書き下すと，次のようになる．

$$\frac{\sigma}{h^2}y_{j+1}^{(l)}+\left(\nu_l-\frac{2\sigma}{h^2}\right)y_j^{(l)}+\frac{\sigma}{h^2}y_{j-1}^{(l)}=0,\qquad j=1,2,\cdots,n-1\tag{8.9.3}$$

ただし，$y_j^{(l)}$ は $\boldsymbol{y}^{(l)}$ の第 j 成分である．$j=1$ および $n-1$ に対しても(8.9.3)が成り立つためには

$$y_0^{(l)} = y_n^{(l)} = 0 \tag{8.9.4}$$

と定めておけばよい．

このとき，差分方程式(8.9.3)の解は

$$y_j^{(l)} = \sin \omega_l j \tag{8.9.5}$$

と置くことによって求められる．まず，条件(8.9.4)のうち $y_0^{(l)}=0$ は自動的に満たされているが，一方の $y_n^{(l)}=\sin \omega_l n=0$ なる条件より

$$\omega_l = \frac{\pi l}{n} = \pi h l, \qquad l = 1, 2, \cdots, n-1, \qquad h = \frac{1}{n} \tag{8.9.6}$$

でなければならない．すなわち，$M^{-1}K$ の固有ベクトルは

$$y_j^{(l)} = \sin \frac{\pi l}{n} j, \qquad j = 1, 2, \cdots, n-1 \tag{8.9.7}$$

で与えられる．さらに，(8.9.5)を(8.9.3)に代入して整理すると，

$$\left\{\nu_l - \frac{2\sigma}{h^2}(1-\cos\omega_l)\right\} \sin \omega_l j = 0, \qquad j = 1, 2, \cdots, n-1 \tag{8.9.8}$$

となるが，l を固定するときすべての $j=1, 2, \cdots, n-1$ に対してこれが成立するためには

$$\nu_l = \frac{2\sigma}{h^2}\left(1-\cos\frac{\pi l}{n}\right) = \frac{4\lambda}{\Delta t}\sin^2\frac{\pi l}{2n}, \qquad \lambda = \frac{\sigma \Delta t}{h^2} \tag{8.9.9}$$

でなければならない．これによって，$M^{-1}K$ の第 l 固有値が定められた．

$M^{-1}K$ の固有値がわかれば，行列(8.8.2)の固有値は直ちに書くことができる．すなわち，(8.8.2)の第 l 固有値 μ_l は

$$\mu_l = \frac{1-(1-\theta)\Delta t \nu_l}{1+\theta \Delta t \nu_l} = \frac{1-4(1-\theta)\lambda \sin^2 \dfrac{\pi l}{2n}}{1+4\theta\lambda \sin^2 \dfrac{\pi l}{2n}} \tag{8.9.10}$$

となる．逐次反復によって誤差が増大しないための条件，つまり μ_l の絶対値が1以下という条件は

$$-1 \leq \frac{1-4(1-\theta)\lambda\sin^2\dfrac{\pi l}{2n}}{1+4\theta\lambda\sin^2\dfrac{\pi l}{2n}} \leq 1 \tag{8.9.11}$$

で与えられる．まず，右側の不等号はつねに成り立つことは明らかである．次に，左側の不等号から

$$-1 \leq 2(2\theta-1)\lambda\sin^2\frac{\pi l}{2n} \tag{8.9.12}$$

が得られるが，$\theta \geq 1/2$ のときにはこの不等号はつねに成り立つ．一方，$\theta < 1/2$ のとき

$$\frac{1}{\sin^2\dfrac{\pi l}{2n}}\frac{1}{2(1-2\theta)} \geq \lambda \tag{8.9.13}$$

となるが，$1/\sin^2(\pi l/2n) \geq 1$ より，

$$\frac{1}{2(1-2\theta)} \geq \frac{\sigma\Delta t}{h^2} \tag{8.9.14}$$

が満たされていれば(8.9.13)は l の値によらずつねに成り立つ．以上をまとめると，逐次反復により誤差が増大しないための条件は

$$\begin{cases} \theta \geq \dfrac{1}{2} & \text{のときは無条件} \\ \theta < \dfrac{1}{2} & \text{のとき} \quad \dfrac{1}{2(1-2\theta)} \geq \dfrac{\sigma\Delta t}{h^2} \end{cases} \tag{8.9.15}$$

で与えられることになる．なお，(8.9.11)の左側の不等号は，とくに $M^{-1}K$ の絶対値の大きな固有値 ν_l に対する制限になっていることに注意しよう．

最大値原理を満たすという意味で前に求めた安定性の条件(8.6.2)と比較すると，上の条件(8.9.15)はかなりゆるいものになっている．つまり，スキームが(8.9.15)を満たしても，最大値原理を満たすとは限らないのである．条件(8.9.15)が満たされればたしかに逐次反復と共に誤差が著しく増大するようなことはないが，$\lambda=\sigma\Delta t/h^2$ が大きすぎても小さすぎても μ_l の絶対値は1に近くなり，誤差の減衰は遅くなる可能性がある．熱伝導方程式などの場合には，その物理的意味からも，最大値原理を満たすように，つまり(8.6.2)を満たすよう

にスキームを構成すべきであろう．

近似関数 $\hat{u}_n(x,t)$ に立ち戻ってみると，最大値原理に基づく安定性は，

$$\|\hat{u}_n\|_\infty \equiv \max_{0\le x\le 1} |\hat{u}_n(x,t)| = \max_{0\le j\le n} |a_j(t)| \tag{8.9.16}$$

で定義される L_∞ ノルムに関して $\hat{u}_n$ が不合理に増大しないという意味での安定性に対応している．一方，行列の固有値に基づく安定性は，

$$\|\hat{u}_n\|_2 \equiv \left[\int_0^1 |\hat{u}_n(x,t)|^2 dx\right]^{1/2} = [\boldsymbol{a}^T M \boldsymbol{a}]^{1/2} \tag{8.9.17}$$

で定義される L_2 ノルムに関して $\hat{u}_n$ が不合理に増大しないという意味の安定性に対応している．その意味で，前者の安定性を L_∞ **安定性**，後者の安定性を L_2 **安定性**と呼ぶことがある．

§8.10　整合質量系の固有値に基づく安定性条件

整合質量系の行列の固有値に関しても，まったく同様の議論を行うことができる．この場合には，(8.9.3)に対応する差分方程式は

$$\left(\frac{1}{6}\nu_l+\frac{\sigma}{h^2}\right)y_{j+1}^{(l)}+\left(\frac{2}{3}\nu_l-\frac{2\sigma}{h^2}\right)y_j^{(l)}+\left(\frac{1}{6}\nu_l+\frac{\sigma}{h^2}\right)y_{j-1}^{(l)}=0,$$
$$j=1,2,\cdots,n-1 \tag{8.10.1}$$

となり，(8.9.5)を代入することにより ω_l を定める式が次のように与えられる．

$$\left\{\left(\frac{1}{3}\nu_l+\frac{2\sigma}{h^2}\right)\cos\omega_l+\left(\frac{2}{3}\nu_l-\frac{2\sigma}{h^2}\right)\right\}\sin\omega_l j=0,\qquad j=1,2,\cdots,n-1 \tag{8.10.2}$$

これから，$M^{-1}K$ の固有値が

$$\nu_l=\frac{6\sigma}{h^2}\frac{1-\cos\pi l/n}{2+\cos\pi l/n} \tag{8.10.3}$$

であることがわかる．行列(8.8.2)の $M^{-1}K$ にこの固有値を代入し，その絶対値が1以下という条件を課すと，安定性の条件として集中質量系の場合の(8.9.15)よりも厳しい条件

$$\begin{cases} \theta \geq \dfrac{1}{2} & \text{のとき無条件} \\ \theta < \dfrac{1}{2} & \text{のとき} \quad \dfrac{1}{6(1-2\theta)} \geq \dfrac{\sigma \Delta t}{h^2} \end{cases} \tag{8.10.4}$$

を得る．これもまた，最大値原理が成り立つための条件(8.7.2), (8.7.3)を完全に含んでいる．

行列Kを剛性行列と呼ぶことにも現れているように，$M^{-1}K$はいわば考えている物理系のある意味での硬さを表していると考えられる．固有値(8.10.3)と(8.9.9)とを比較すればわかるように，質量の集中化を行うことにより$M^{-1}K$の固有値は減少する．すなわち，この物理系の構造はより柔らかくなると考えられる．そして，この$M^{-1}K$の固有値のうちとくに絶対値の大きな固有値が減少することが，とりもなおさず安定性に直接影響を与える行列(8.8.2)の固有値の減少をもたらし，近似方程式(8.2.7)の時々刻々の解の凸凹はそれによりやわらげられ，したがってスキームの安定性が増大すると解釈できるのである．

第9章　2次元熱伝導方程式

§9.1　2次元領域の分割と重心領域

これまで述べてきた1次元の熱伝導方程式の取り扱いと2次元定常問題の取り扱いとを組み合わせれば，2次元領域における熱伝導方程式に有限要素法を適用する手順を導くことができる．

2次元領域 G の境界 ∂G は凸多角形であると仮定し，そこで次の熱伝導方程式を考える．σ は定数とする．

$$\begin{cases} \dfrac{\partial u(x,y,t)}{\partial t} = \sigma\left\{\dfrac{\partial^2 u(x,y,t)}{\partial x^2} + \dfrac{\partial^2 u(x,y,t)}{\partial y^2}\right\} & (9.1.1) \\ \text{境界 } \partial G \text{ 上で} \quad u(x,y,t) = g(x,y,t) & (9.1.2) \\ u(x,y,0) = u_0(x,y) & (9.1.3) \end{cases}$$

また，ここでは $t=0$ における両立条件(compatibility condition)

$$u_0(x,y) = g(x,y,0) \tag{9.1.4}$$

を仮定しておく．

この問題に有限要素法を適用するために，時間に依存しない定常問題，つまり第4章の楕円型境界値問題のときと同様に，領域 G を適当に三角形要素に分割し，各頂点 P_k を節点にとり，節点ごとに

$$\hat{\varphi}_k(x_j, y_j) = \begin{cases} 1 \ ; & j = k \\ 0 \ ; & j \neq k \end{cases} \tag{9.1.5}$$

を満たす区分的1次関数から成る基底関数 $\hat{\varphi}_k(x,y)$ を構成する．

ここでは，境界条件(9.1.2)は境界上の節点における $g(x,y,t)$ の値に基づく1次補間で近似することにしよう．つまり，$u(x,y,t)$ の近似解 $\hat{u}_n(x,y,t)$ を次の形に展開する．

$$\begin{cases} \hat{u}_n(x,y,t) = \displaystyle\sum_{j=1}^{n} a_j(t)\hat{\varphi}_j(x,y) + \sum_{j=n+1}^{n+\nu} b_j(t)\hat{\varphi}_j(x,y) & (9.1.6) \\ b_j(t) = g(x_j, y_j, t), \qquad j = n+1, n+2, \cdots, n+\nu & (9.1.7) \end{cases}$$

節点番号1からnまでは内部節点に対応し，節点番号$n+1$から$n+\nu$までは境界節点に対応する．境界節点に対する基底関数は，領域Gの外側では恒等的に0にとるものとする．

1次元問題で質量集中化の有用性を見た．そこで，本節でははじめから質量は集中化して扱うことにする．質量集中化の方法には幾通りか考えられるが，ここでは重心を基準とする三角形要素の分割に基づく方法を採用する．すなわち，図9.1に示すように，3頂点P_1, P_2, P_3でかこまれる三角形要素τの重心G_τとP_1P_2, P_2P_3, P_3P_1の中点P_3', P_1', P_2'とを直線で結んでτを3つの領域に分割し，これらをそれぞれの節点に割り当てる．たとえば，P_1に関しては四角形$P_1P_3'G_\tau P_2'$が割り当てられる．この操作をすべての三角形要素に対して行った後，各節点ごとに割り当てられた領域を合併してそれぞれ一つの領域にまとめる．これをその節点の**重心領域**(barycentric region)と呼ぶ．そして，第j節点の重心領域で値1をとり，他の領域で値0をとる区分的定数関数を

$$\bar{\varphi}_j(x, y) \tag{9.1.8}$$

とする．これが，区分的1次関数$\hat{\varphi}_j(x, y)$をいわば集中化したものである．この関数は，単純な直交関係

$$\iint_G \bar{\varphi}_j(x, y)\bar{\varphi}_k(x, y)dxdy = 0, \qquad j \neq k \tag{9.1.9}$$

を満たすことは明らかである．

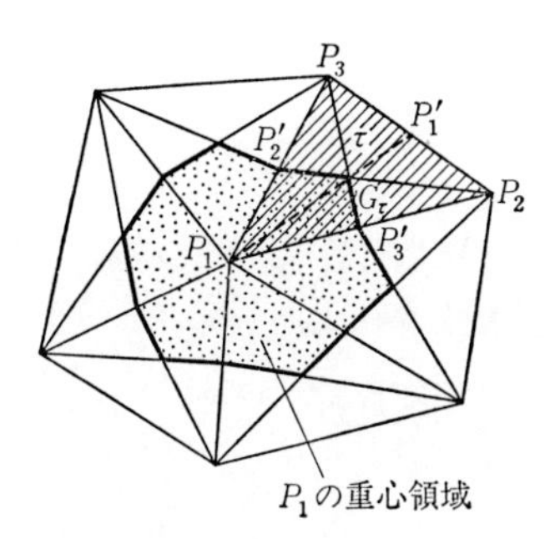

図9.1 節点P_1の重心領域

§9.2 有限要素法の適用

さて，再び熱伝導方程式に戻ろう．方程式(9.1.1)のuに(9.1.6)の$\hat{u}_n(x, y, t)$

を代入し，両辺に $\hat{\varphi}_k(x, y)$，$k=1, 2, \cdots, n$ を乗じて積分し，(4.1.9)を利用して部分積分を行うと，次式を得る．

$$\begin{aligned}
&\sum_{j=1}^{n}\frac{da_j}{dt}\iint_G \hat{\varphi}_j\hat{\varphi}_k dxdy + \sum_{j=n+1}^{n+\nu}\frac{db_j}{dt}\iint_G \hat{\varphi}_j\hat{\varphi}_k dxdy \\
&\quad + \sigma\sum_{j=1}^{n} a_j \iint_G \left(\frac{\partial\hat{\varphi}_j}{\partial x}\frac{\partial\hat{\varphi}_k}{\partial x} + \frac{\partial\hat{\varphi}_j}{\partial y}\frac{\partial\hat{\varphi}_k}{\partial y}\right) dxdy \\
&\quad + \sigma\sum_{j=n+1}^{n+\nu} b_j \iint_G \left(\frac{\partial\hat{\varphi}_j}{\partial x}\frac{\partial\hat{\varphi}_k}{\partial x} + \frac{\partial\hat{\varphi}_j}{\partial y}\frac{\partial\hat{\varphi}_k}{\partial y}\right) dxdy \\
&\quad - \sigma\sum_{j=1}^{n} a_j \int_{\partial G}\frac{\partial\hat{\varphi}_j}{\partial n}\hat{\varphi}_k d\sigma - \sigma\sum_{j=n+1}^{n+\nu} b_j \int_{\partial G}\frac{\partial\hat{\varphi}_j}{\partial n}\hat{\varphi}_k d\sigma = 0 \qquad (9.2.1)
\end{aligned}$$

両辺に乗じた $\hat{\varphi}_k(x, y)$ は，いまの場合すべて内部節点に関する基底関数であるから，(9.2.1)の境界積分は0になる．

ここで質量集中化を行おう．すなわち，(9.2.1)の左辺で

$$\iint_G \hat{\varphi}_j\hat{\varphi}_k dxdy \longrightarrow \iint_G \bar{\varphi}_j\bar{\varphi}_k dxdy \qquad (9.2.2)$$

なる置き換えを実行する．方程式(9.2.1)の左辺第2項の積分において k と j は一致することがないので，この積分の項は(9.1.9)より0になる．このことに注意すると，(9.2.1)は行列を使って次の形に書くことができる．

$$M\frac{d\boldsymbol{a}}{dt} + K\boldsymbol{a} = -L\boldsymbol{b} \qquad (9.2.3)$$

ただし，M はその第 jk 成分が

$$M_{jk} = \iint_G \bar{\varphi}_j\bar{\varphi}_k dxdy \qquad (9.2.4)$$

で与えられる $n\times n$ の質量行列で，いまの場合集中化により対角行列である．また，K および L は，その第 jk 成分が

$$K_{jk},\ L_{jk} = \sigma\iint_G \left(\frac{\partial\hat{\varphi}_j}{\partial x}\frac{\partial\hat{\varphi}_k}{\partial x} + \frac{\partial\hat{\varphi}_j}{\partial y}\frac{\partial\hat{\varphi}_k}{\partial y}\right) dxdy \qquad (9.2.5)$$

で与えられる剛性行列で，それぞれ $n\times n$ および $n\times\nu$ 行列である．L の第 jk 成分は，番号が境界節点とそれに隣接する節点の場合にのみ0でない値をとる．これらの行列成分を具体的に求めるために要素行列を基本にとることは，定常問題の場合と同様である．ベクトル $\boldsymbol{a}$ および $\boldsymbol{b}$ はそれぞれ次式で定義される．

$$\boldsymbol{a} = \boldsymbol{a}(t) = \begin{pmatrix} a_1(t) \\ a_2(t) \\ \vdots \\ a_n(t) \end{pmatrix} \tag{9.2.6}$$

$$\boldsymbol{b} = \boldsymbol{b}(t) = \begin{pmatrix} b_{n+1}(t) \\ b_{n+2}(t) \\ \vdots \\ b_{n+\nu}(t) \end{pmatrix} \tag{9.2.7}$$

$\boldsymbol{b}$ は(9.1.7)により既知である．

ここで剛性行列 K および L のもつ一つの重要な性質を示しておこう．いま，領域 G の内部で恒等的に 1 である関数 $w(x, y)$ を考えると，これは次のように表現することができることは明らかである．

$$w(x, y) = 1 = \sum_{j=1}^{n} \hat{\varphi}_j(x, y) + \sum_{j=n+1}^{n+\nu} \hat{\varphi}_j(x, y) \tag{9.2.8}$$

この定数関数を微分すれば，いうまでもなく

$$\frac{\partial w}{\partial x} = \frac{\partial w}{\partial y} = 0 \tag{9.2.9}$$

である．したがって，次式が成り立つ．

$$\begin{aligned} 0 &= \sigma \iint_G \left(\frac{\partial \hat{\varphi}_i}{\partial x} \frac{\partial w}{\partial x} + \frac{\partial \hat{\varphi}_i}{\partial y} \frac{\partial w}{\partial y} \right) dxdy \\ &= \sum_{j=1}^{n} K_{ij} + \sum_{j=n+1}^{n+\nu} L_{ij}, \qquad i = 1, 2, \cdots, n \end{aligned} \tag{9.2.10}$$

すなわち，境界節点も含めた剛性行列の任意の行の要素の総和は 0 になる．

1 次元の場合と同様，時間をきざみ幅 Δt で離散化し，n 元連立常微分方程式(9.2.3)の時間微分を時間差分で近似しよう．ここでもパラメータ θ を導入して，前進型 $\theta=0$ と後退型 $\theta=1$ とを混合する．

$$\begin{aligned} & M\frac{\boldsymbol{a}((k+1)\Delta t) - \boldsymbol{a}(k\Delta t)}{\Delta t} + K\{\theta \boldsymbol{a}((k+1)\Delta t) + (1-\theta)\boldsymbol{a}(k\Delta t)\} \\ & \quad = -L\{\theta \boldsymbol{b}((k+1)\Delta t) + (1-\theta)\boldsymbol{b}(k\Delta t)\}, \qquad 0 \le \theta \le 1 \end{aligned} \tag{9.2.11}$$

両辺に Δt を乗じて整理すると，次のようになる．

$$(M + \theta \Delta t K)\boldsymbol{a}((k+1)\Delta t) = (M - (1-\theta)\Delta t K)\boldsymbol{a}(k\Delta t)$$

$$-\theta \Delta t L\boldsymbol{b}((k+1)\Delta t)-(1-\theta)\Delta t L\boldsymbol{b}(k\Delta t) \tag{9.2.12}$$

初期値としてたとえば

$$\boldsymbol{a}(0)=\boldsymbol{u}_0=\begin{pmatrix} u_0(x_1, y_1) \\ u_0(x_2, y_2) \\ \vdots \\ u_0(x_n, y_n) \end{pmatrix} \tag{9.2.13}$$

をとり，以下 $t=\Delta t, 2\Delta t, \cdots$ に対して逐次(9.2.12)を解いてゆけば，(9.1.6)の形の有限要素近似解 $\hat{u}_n(x, y, t)$ が求められる．M は対角行列であるから，$\theta=0$ の場合には $\boldsymbol{a}((k+1)\Delta t)$ は(9.2.12)から単に割り算によって計算することができる．

§9.3　集中質量系における最大値原理と鋭角型分割

1次元問題において見たと同様に，解が安定に求められるためには，以下に示すように(9.2.12)が次の**最大値原理**を満足していればよいことがわかる．

$$\begin{aligned} &\min\{a^k_{\min}, b^k_{\min}, b^{k+1}_{\min}\} \le a_j((k+1)\Delta t) \\ &\qquad \le \max\{a^k_{\max}, b^k_{\max}, b^{k+1}_{\max}\}, \qquad j=1, 2, \cdots, n \end{aligned} \tag{9.3.1}$$

ただし，

$$\begin{cases} a^k_{\min} = \min\limits_{1\le j\le n} a_j(k\Delta t) & (9.3.2) \\ a^k_{\max} = \max\limits_{1\le j\le n} a_j(k\Delta t) & (9.3.3) \\ b^k_{\min} = \min\limits_{n+1\le j\le n+\nu} b_j(k\Delta t) & (9.3.4) \\ b^k_{\max} = \max\limits_{n+1\le j\le n+\nu} b_j(k\Delta t) & (9.3.5) \end{cases}$$

である．

先へ進む前に，ここで一つの重要な仮定を置こう．それは，領域 G の三角形分割が**鋭角型**であるという仮定である．鋭角型とは，§5.7で述べたように，すべての三角形要素が鈍角をもたないことである．三角形分割が鋭角型であれば，(5.7.2)より剛性行列に対して

$$K_{ij} \le 0, \qquad L_{ij} \le 0, \qquad i \ne j \tag{9.3.6}$$

が成り立つ．

さて，最大値原理(9.3.1)を証明するために，(9.2.12)の第i行を書き下してみる．

$$\sum_{j=1}^{n}(M_{ij}+\theta\Delta tK_{ij})a_j((k+1)\Delta t)$$
$$=\sum_{j=1}^{n}(M_{ij}-(1-\theta)\Delta tK_{ij})a_j(k\Delta t)-\theta\Delta t\sum_{j=n+1}^{n+\nu}L_{ij}b_j((k+1)\Delta t)$$
$$-(1-\theta)\Delta t\sum_{j=n+1}^{n+\nu}L_{ij}b_j(k\Delta t),\qquad i=1,2,\cdots,n \tag{9.3.7}$$

集中質量系を採用しているので，質量行列Mが対角行列であること，すなわち$M_{ij}=0$，$i\neq j$を満たしていることに注意し，左辺の非対角成分に対応する項を右辺に移項すると，(9.3.7)は次のようになる．

$$(M_{ii}+\theta\Delta tK_{ii})a_i((k+1)\Delta t)=(M_{ii}-(1-\theta)\Delta tK_{ii})a_i(k\Delta t)$$
$$-(1-\theta)\Delta t\sum_{\substack{j=1\\ j\neq i}}^{n}K_{ij}a_j(k\Delta t)-\theta\Delta t\sum_{\substack{j=1\\ j\neq i}}^{n}K_{ij}a_j((k+1)\Delta t)$$
$$-\theta\Delta t\sum_{j=n+1}^{n+\nu}L_{ij}b_j((k+1)\Delta t)-(1-\theta)\Delta t\sum_{j=n+1}^{n+\nu}L_{ij}b_j(k\Delta t) \tag{9.3.8}$$

1次元の場合の議論から類推されるように，スキーム(9.3.8)が安定であるためには(9.3.8)の両辺の係数がすべて正または0であればよい．ここで符号がとくに問題になるのは，右辺第1項の係数である．分割が鋭角型であれば，他の項の係数がすべて正または0であることは明らかである．そこで，内容の具体的な検討は後廻しにするとして，とりあえず

$$M_{ii}-(1-\theta)\Delta tK_{ii}\geq 0,\qquad i=1,2,\cdots,n \tag{9.3.9}$$

を仮定しておこう．

ここでは最大値原理(9.3.1)の右側の不等号を証明する．境界節点において最大値が達成されている場合にはこれは自明であるから，ある内部節点$i=m$，$1\leq m\leq n$において$a_i((k+1)\Delta t)$が最大値a_mをとっていると仮定する．また，1ステップ前における$a_j(k\Delta t)$，$b_j(k\Delta t)$の最大値を$a_{m'}$とする．つまり，

$$\begin{cases} a_j((k+1)\Delta t),b_j((k+1)\Delta t)\leq a_m \\ a_j(k\Delta t),b_j(k\Delta t)\leq a_{m'} \end{cases} \tag{9.3.10}$$

を仮定しよう．このとき，(9.3.9)および鋭角型分割の条件(9.3.6)に注意すれば，(9.3.8)において$i=m$と置くことにより次の不等式が導かれる．

$$M_{mm}a_m+\theta\Delta tK_{mm}a_m \leq M_{mm}a_{m'}-(1-\theta)\Delta t\Bigl(\sum_{j=1}^{n}K_{mj}+\sum_{j=n+1}^{n+\nu}L_{mj}\Bigr)a_{m'}$$

$$-\theta\Delta t\Bigl(\sum_{\substack{j=1\\ j\neq m}}^{n}K_{mj}+\sum_{j=n+1}^{n+\nu}L_{mj}\Bigr)a_m \qquad (9.3.11)$$

左辺第2項を右辺へ移項し,(9.2.10)の性質に注意すれば，これから $a_m\leq a_{m'}$ が得られる．こうして，鋭角型分割および(9.3.9)の仮定の下で(9.3.1)の右側の不等号が証明された．最小値に関する左側の不等号の証明もまったく同様である．

§9.4　安定性のための十分条件

残された問題は,(9.3.9)の検討である．三角形要素 τ における要素質量行列および要素剛性行列をそれぞれ m^τ, k^τ とするとき，もしもすべての τ に対して

$$m^\tau_{ii}-(1-\theta)\Delta tk^\tau_{ii}\geq 0 \qquad (9.4.1)$$

が保証されれば,(9.3.9)が成立することは明らかである．そこで，これを調べよう．ところで，m^τ_{ii} は節点 i の重心領域の τ 内の面積に等しいから

$$m^\tau_{ii}=\frac{1}{3}|S| \qquad (9.4.2)$$

であり，また(5.7.2)より k^τ_{ii} は

$$k^\tau_{ii}=\frac{\sigma}{4|S|}|\boldsymbol{q}_i|^2 \qquad (9.4.3)$$

であることがわかる．$|S|$ は τ の面積，$|\boldsymbol{q}_i|$ は節点 i の対辺の長さである．これらを(9.4.1)の左辺に代入すると

$$\frac{1}{3}|S|-(1-\theta)\Delta t\frac{\sigma}{4|S|}|\boldsymbol{q}_i|^2=\frac{|S|}{3\kappa_i^2}\{\kappa_i^2-3\sigma(1-\theta)\Delta t\} \qquad (9.4.4)$$

となる．ただし，κ_i は節点 i から対辺に下した垂線の長さである．したがって，いま

$$\kappa_{\min}=\min\kappa_i \qquad (9.4.5)$$

と置くとき，もしも

$$\kappa_{\min}^2\geq 3\sigma(1-\theta)\Delta t \qquad (9.4.6)$$

が成り立っていれば，つねに(9.4.1)が成り立つことがわかる．これは1次元

の場合の(8.6.2)の条件に対応するもので，三角形分割の仕方に対応して時間のきざみ幅 Δt が受ける制限である．$\theta=1$ のとき，(9.4.6)はつねに成り立つことに注意しよう．

こうして，鋭角型の分割が行われ，かつ時間のきざみ幅 Δt が(9.4.6)を満足していれば，スキーム(9.2.12)は最大値原理を満たし，したがって安定であることが明らかにされた．

§9.5 整合質量系における最大値原理

1次元の場合に，集中質量系は整合質量系よりもゆるい条件の下で安定であることを見た．これは，2次元の場合にも成り立つ．これまで見てきたように，(9.3.8)の両辺の各項の係数が正または0であれば最大値原理が成り立つ．したがって，整合質量系の場合にも最大値原理が成り立つためには，(9.3.7)において次の不等式が満たされればよいことがわかる．

$$\begin{cases} M_{ii}-(1-\theta)\Delta t K_{ii} \geq 0 & (9.5.1) \\ M_{ij}+\theta\Delta t K_{ij} \leq 0, \quad i \neq j & (9.5.2) \end{cases}$$

ここでも三角形要素 τ ごとにこれらの不等式を検討しよう．まず，(9.5.1)が成り立つためには，集中質量系の場合と同様，(5.7.1)，(5.7.2)に注意すれば，

$$\kappa_{\min}^2 \geq 6\sigma(1-\theta)\Delta t \tag{9.5.3}$$

が満たされればよい．次に，(9.5.2)が成り立つためには

$$\begin{aligned} m_{ij}^\tau+\theta\Delta t k_{ij}^\tau &= \frac{1}{12}S-\theta\Delta t\frac{\sigma}{4S}|q_i||q_j|\cos\theta_k \\ &\leq S\left[\frac{1}{12}-\sigma\theta\Delta t\,\frac{\cos\theta_{\max}}{\kappa_{\max}^2}\right] \leq 0 \end{aligned} \tag{9.5.4}$$

すなわち

$$\kappa_{\max}^2 \leq 12\sigma\theta\Delta t\cos\theta_{\max} \tag{9.5.5}$$

が満たされればよい．ただし，

$$\kappa_{\max} = \max \kappa_i \tag{9.5.6}$$

$$\theta_{\max} = \max \theta_i \tag{9.5.7}$$

である．整合質量系の場合には，三角形分割に鈍角はもちろん直角が存在しても，安定性が成立しなくなる可能性があることが(9.5.5)からわかる．条件

(9.5.3)は(9.4.6)よりも厳しい上に，さらに(9.5.5)が要求されている．このように，2次元の場合にも整合質量系は集中質量系に比較して一般に不安定なのである．

第10章　波動方程式

§10.1　有限要素法の定式化

波動あるいは振動の問題の取り扱いは，熱伝導の場合と本質的に変わりはない．簡単のために，cを定数として次の1次元の波動の問題を考えよう．

$$\begin{cases} \dfrac{\partial^2 u}{\partial t^2} = c^2 \dfrac{\partial^2 u}{\partial x^2} & (10.1.1) \\ u(0, t) = u(1, t) = 0 & (10.1.2) \\ u(x, 0) = \psi_1(x) & (10.1.3) \\ \dfrac{\partial u}{\partial t}(x, 0) = \psi_2(x) & (10.1.4) \end{cases}$$

$\psi_1(x)$と$\psi_2(x)$は与えられた初期関数である．区間$(0, 1)$をn等分して各等分点$x_j = jh$，$j = 0, 1, \cdots, n$を節点に選び，近似関数$\hat{u}_n(x, t)$を(8.1.5)と同じ形

$$\hat{u}_n(x, t) = \sum_{j=1}^{n-1} a_j(t) \hat{\varphi}_j(x) \tag{10.1.5}$$

にとる．これを(10.1.1)のuに代入して積分し，境界条件(10.1.2)を考慮に入れると，次の2階の連立常微分方程式が得られる．

$$M \frac{d^2 \boldsymbol{a}}{dt^2} + K \boldsymbol{a} = 0 \tag{10.1.6}$$

Mは(8.1.13)，Kは(8.1.14)でσの代りにc^2と置いた行列で，$\boldsymbol{a}$は(8.1.8)で与えられるベクトルである．

§10.2　モード重ね合せ法

方程式(10.1.6)を解くために，主として2種類の方法が考えられる．第1の方法は，初期データ$\boldsymbol{a}(0)$を行列$M^{-1}K$の固有ベクトル成分，すなわち固有モードに分解し，解をその**モードの重ね合せ**(mode superposition)で表現する方法である．

微分方程式(10.1.6)に対応して，次の固有値問題を考える．

$$Ky = \nu My \tag{10.2.1}$$

この第l固有値をν_l，対応する固有ベクトルを$\boldsymbol{y}^{(l)}$とすれば，よく知られているように，(10.1.6)の解は次の形に表現できる．

$$\boldsymbol{a}(t) = \sum_{l=1}^{n-1}(c_l \cos\sqrt{\nu_l}\,t + d_l \sin\sqrt{\nu_l}\,t)\boldsymbol{y}^{(l)} \tag{10.2.2}$$

展開係数c_lおよびd_lは，初期条件に合うようにたとえば次の関係から決定すればよい．

$$a_j(0) = \sum_{l=1}^{n-1} c_l y_j^{(l)} = \psi_1(x_j), \qquad j=1,2,\cdots,n-1 \tag{10.2.3}$$

$$\frac{da_j}{dt}(0) = \sum_{l=1}^{n-1} d_l\sqrt{\nu_l}\,y_j^{(l)} = \psi_2(x_j), \qquad j=1,2,\cdots,n-1 \tag{10.2.4}$$

$y_j^{(l)}$は$\boldsymbol{y}^{(l)}$の第j成分を表す．なお，固有値問題(10.2.1)は(8.9.1)と同値であり，したがってその固有値ν_lはすでに(8.10.3)で求めてある．これらはすべて正である．

2次元領域における一般の問題では，行列MおよびKの次元はかなり大きなものになる．その場合，固有値問題(10.2.1)のすべての固有値と固有ベクトルを正確に求めることは現実的ではない．実際には，小さい方から数個ないし数十個の固有値と固有ベクトルを求め，それらのモードを重ね合せるだけで十分有用な解が得られることが多い．

集中質量系を用いれば行列は対角行列になり，対応する固有値問題は

$$Ky = \nu hy \tag{10.2.5}$$

の形の標準的な固有値問題に帰着される．

§10.3　Newmark の β スキーム

連立常微分方程式(10.1.6)を解くための第2の方法は，この方程式を時間tに関してきざみ幅Δtずつ直接積分してゆく方法である．そのためには(10.1.6)の2階微分を2階差分で近似することも考えられるが，1階微分の値を求めてゆく必要のある場合，あるいは1階微分の項を含むより一般の方程式

$$M\frac{d^2\boldsymbol{a}}{dt^2}+C\frac{d\boldsymbol{a}}{dt}+K\boldsymbol{a}=f \tag{10.3.1}$$

を解く場合のことを考慮すると，$\boldsymbol{a}$と共に中間的にその1階微分の値も併行して計算してゆく形にスキームを構成する方が都合が良い．そこで，時刻tにおける値から時刻$t+\varDelta t$における値を計算するための近似式として，Taylor展開に基づく次の近似を採用する．

$$\dot{\boldsymbol{a}}(t+\varDelta t)=\dot{\boldsymbol{a}}(t)+\varDelta t\frac{\ddot{\boldsymbol{a}}(t+\varDelta t)+\ddot{\boldsymbol{a}}(t)}{2} \tag{10.3.2}$$

$$\boldsymbol{a}(t+\varDelta t)=\boldsymbol{a}(t)+\varDelta t\dot{\boldsymbol{a}}(t)+\frac{1}{2!}\varDelta t^2\ddot{\boldsymbol{a}}(t)+\frac{1}{3!}\varDelta t^3\frac{\ddot{\boldsymbol{a}}(t+\varDelta t)-\ddot{\boldsymbol{a}}(t)}{\varDelta t} \tag{10.3.3}$$

ただし，

$$\dot{\boldsymbol{a}}(t)=\frac{d\boldsymbol{a}}{dt} \tag{10.3.4}$$

$$\ddot{\boldsymbol{a}}(t)=\frac{d^2\boldsymbol{a}}{dt^2} \tag{10.3.5}$$

である．上に示した(10.3.2)および(10.3.3)は一般の$\boldsymbol{a}$に対してはもちろん近似的にしか成立しない．しかしながら，もしも$\ddot{\boldsymbol{a}}(t)$がtに関して線形であると仮定すると，

$$\frac{d^3\boldsymbol{a}}{dt^3}=\frac{\ddot{\boldsymbol{a}}(t+\varDelta t)-\ddot{\boldsymbol{a}}(t)}{\varDelta t} \tag{10.3.6}$$

$$\frac{d^k\boldsymbol{a}}{dt^k}=0, \qquad k\geq 4 \tag{10.3.7}$$

となるから，(10.3.3)において等号が正確に成り立つ．またその場合には，(10.3.3)を微分して(10.3.6)を代入することにより(10.3.2)も正確に成り立つことがわかる．その意味で，(10.3.2)および(10.3.3)を採用する近似を**線形加速度法**と呼ぶ．

線形加速度法は上述したような明確な意味をもつが，次節で示すように，(10.3.3)をそのまま採用することはスキームの安定性の立場からは必ずしも最良のやり方にはなっていない．そこで，安定性を改良するために，(10.3.3)の

代りに，その右辺第4項の係数1/3! をβで置き換えた次の式を採用する．

$$\begin{aligned}\boldsymbol{a}(t+\Delta t) &= \boldsymbol{a}(t)+\Delta t\dot{\boldsymbol{a}}(t)+\frac{1}{2!}\Delta t^2\ddot{\boldsymbol{a}}(t)+\beta\Delta t^3\frac{\ddot{\boldsymbol{a}}(t+\Delta t)-\ddot{\boldsymbol{a}}(t)}{\Delta t}\\ &= \boldsymbol{a}(t)+\Delta t\dot{\boldsymbol{a}}(t)+\beta\Delta t^2\ddot{\boldsymbol{a}}(t+\Delta t)+\left(\frac{1}{2}-\beta\right)\Delta t^2\ddot{\boldsymbol{a}}(t)\end{aligned} \tag{10.3.8}$$

この近似を採用した場合のスキームは，次のようにして構成することができる．まず，(10.3.8) を$\ddot{\boldsymbol{a}}(t+\Delta t)$について解くと

$$\ddot{\boldsymbol{a}}(t+\Delta t) = \frac{1}{\beta\Delta t^2}\{\boldsymbol{a}(t+\Delta t)-\boldsymbol{a}(t)\}-\frac{1}{\beta\Delta t}\dot{\boldsymbol{a}}(t)-\left(\frac{1}{2\beta}-1\right)\ddot{\boldsymbol{a}}(t) \tag{10.3.9}$$

となる．これを(10.1.6)において時間を$t+\Delta t$と置いた式に代入すると

$$\{M+\beta\Delta t^2K\}\boldsymbol{a}(t+\Delta t) = M\boldsymbol{a}(t)+\Delta tM\dot{\boldsymbol{a}}(t)+\left(\frac{1}{2}-\beta\right)\Delta t^2M\ddot{\boldsymbol{a}}(t) \tag{10.3.10}$$

を得る．

以上をまとめると，次のようなスキームが得られる．まず，初期値は(10.1.3), (10.1.4), (10.1.6)によりそれぞれ次のように設定する．

$$\boldsymbol{a}(0) = \begin{pmatrix}\phi_1(x_1)\\ \phi_1(x_2)\\ \vdots\\ \phi_1(x_{n-1})\end{pmatrix} \tag{10.3.11}$$

$$\dot{\boldsymbol{a}}(0) = \begin{pmatrix}\phi_2(x_1)\\ \phi_2(x_2)\\ \vdots\\ \phi_2(x_{n-1})\end{pmatrix} \tag{10.3.12}$$

$$\ddot{\boldsymbol{a}}(0) = -M^{-1}K\boldsymbol{a}(0) \tag{10.3.13}$$

次に，時刻tにおける$\boldsymbol{a}(t)$, $\dot{\boldsymbol{a}}(t)$, $\ddot{\boldsymbol{a}}(t)$が既に計算されているとして，方程式(10.3.10)を解いて$\boldsymbol{a}(t+\Delta t)$を求める．そして，得られた$\boldsymbol{a}(t+\Delta t)$を使って(10.3.9)から$\ddot{\boldsymbol{a}}(t+\Delta t)$を，(10.3.2)から$\dot{\boldsymbol{a}}(t+\Delta t)$を計算する．以上の手順を$t=k\Delta t$, $k=0,1,2,\cdots$についてくり返せばよい．ここに述べたスキームを

Newmark の β スキームと呼ぶ．このスキームを(10.3.1)の場合に一般化することは容易であろう．

§10.4　スキームの安定性

Newmark の β スキームの安定性を調べてみよう．この方法では，要するに(10.1.6), (10.3.8), (10.3.2)を連立させて解を計算しているのであるから，安定性の条件を求めるためにここでは(10.1.6)を使って(10.3.8)および(10.3.2)から $\ddot{\boldsymbol{a}}$ を消去する．まず，(10.1.6)を使って(10.3.8)から $\ddot{\boldsymbol{a}}(t+\Delta t)$ および $\ddot{\boldsymbol{a}}(t)$ を消去して整理すると

$$\{I+\beta\Delta t^2M^{-1}K\}\boldsymbol{a}(t+\Delta t)=\left\{I-\left(\frac{1}{2}-\beta\right)\Delta t^2M^{-1}K\right\}\boldsymbol{a}(t)+\Delta t\dot{\boldsymbol{a}}(t) \tag{10.4.1}$$

となる．同様に，(10.1.6)を使って(10.3.2)から $\ddot{\boldsymbol{a}}(t+\Delta t)$ および $\ddot{\boldsymbol{a}}(t)$ を消去すると

$$\frac{\Delta t}{2}M^{-1}K\boldsymbol{a}(t+\Delta t)+\dot{\boldsymbol{a}}(t+\Delta t)=-\frac{\Delta t}{2}M^{-1}K\boldsymbol{a}(t)+\dot{\boldsymbol{a}}(t) \tag{10.4.2}$$

が得られる．いま，$\boldsymbol{a}(t)$ および $\dot{\boldsymbol{a}}(t)$ の誤差をそれぞれ $\boldsymbol{\varepsilon}(t)$ および $\boldsymbol{\delta}(t)$ とすると，これらの誤差は(10.4.1)および(10.4.2)より

$$\left\{\begin{aligned}&\{I+\beta\Delta t^2M^{-1}K\}\boldsymbol{\varepsilon}(t+\Delta t)=\left\{I-\left(\frac{1}{2}-\beta\right)\Delta t^2M^{-1}K\right\}\boldsymbol{\varepsilon}(t)+\Delta t\boldsymbol{\delta}(t) && (10.4.3)\\ &\frac{\Delta t}{2}M^{-1}K\boldsymbol{\varepsilon}(t+\Delta t)+\boldsymbol{\delta}(t+\Delta t)=-\frac{\Delta t}{2}M^{-1}K\boldsymbol{\varepsilon}(t)+\boldsymbol{\delta}(t) && (10.4.4)\end{aligned}\right.$$

を満足する．

ここで，§8.9にならって，固有値問題(10.2.1)の l 番目の固有値および対応する固有ベクトルをそれぞれ ν_l，$\boldsymbol{y}^{(l)}$ と書こう．そして，初期誤差のうちのこの固有ベクトル成分に着目して，それを

$$\left\{\begin{aligned}&\boldsymbol{\varepsilon}(0)=\varepsilon_0\boldsymbol{y}^{(l)} && (10.4.5)\\ &\boldsymbol{\delta}(0)=\delta_0\boldsymbol{y}^{(l)} && (10.4.6)\end{aligned}\right.$$

と置く．ε_0，δ_0 は小さな数である．この初期誤差は(10.4.3), (10.4.4)に従って

変化し，$t=k\varDelta t$ ではその形は

$$\begin{cases} \boldsymbol{\varepsilon}(k\varDelta t)=\varepsilon_k \boldsymbol{y}^{(l)} & (10.4.7) \\ \boldsymbol{\delta}(k\varDelta t)=\delta_k \boldsymbol{y}^{(l)} & (10.4.8) \end{cases}$$

となる．これを(10.4.3)，(10.4.4)に代入すれば，各々の誤差の大きさ ε_k および δ_k は

$$\begin{bmatrix} 1+\beta\varDelta t^2\nu_l & 0 \\ \dfrac{\varDelta t}{2}\nu_l & 1 \end{bmatrix}\begin{bmatrix} \varepsilon_{k+1} \\ \delta_{k+1} \end{bmatrix}=\begin{bmatrix} 1-\left(\dfrac{1}{2}-\beta\right)\varDelta t^2\nu_l & \varDelta t \\ -\dfrac{\varDelta t}{2}\nu_l & 1 \end{bmatrix}\begin{bmatrix} \varepsilon_k \\ \delta_k \end{bmatrix} \tag{10.4.9}$$

に従って変化することがわかる．誤差が k と共に増大しないためには，すなわち Newmark の β スキームが安定であるためには，(10.4.9)の形式に対応して，行列

$$\begin{bmatrix} 1+\beta\varDelta t^2\nu_l & 0 \\ \dfrac{\varDelta t}{2}\nu_l & 1 \end{bmatrix}^{-1}\begin{bmatrix} 1-\left(\dfrac{1}{2}-\beta\right)\varDelta t^2\nu_l & \varDelta t \\ -\dfrac{\varDelta t}{2}\nu_l & 1 \end{bmatrix} \tag{10.4.10}$$

の固有値の絶対値がともに1以下でなくてはならない．この固有値を μ と置くと，μ は

$$\begin{vmatrix} \mu\{1+\beta\varDelta t^2\nu_l\}-1+\left(\dfrac{1}{2}-\beta\right)\varDelta t^2\nu_l & -\varDelta t \\ \mu\dfrac{\varDelta t}{2}\nu_l+\dfrac{\varDelta t}{2}\nu_l & \mu-1 \end{vmatrix}=0 \tag{10.4.11}$$

すなわち次式を満足する．

$$\mu^2-\frac{2\{1-(1/2-\beta)\varDelta t^2\nu_l\}}{1+\beta\varDelta t^2\nu_l}\mu+1=0 \tag{10.4.12}$$

固有値 ν_l は(8.9.9)あるいは(8.10.3)より正であるから，上の2次方程式(10.4.12)の1次の項の係数は実数である．一方，この方程式の2根の積は1であるから，上述の安定性条件が満たされるためにはこれらは相異なる実根ではあり得ない．なぜならば，その場合にはいずれか一方の絶対値は1より大になってしまうからである．したがって，(10.4.12)の判別式は負または0でなければ

ばならない．これから安定性のための条件

$$\left\{\frac{1-(1/2-\beta)\Delta t^2\nu_l}{1+\beta\Delta t^2\nu_l}\right\}^2-1\leq 0 \tag{10.4.13}$$

すなわち

$$\frac{1}{4}(1-4\beta)\Delta t^2\nu_l\leq 1 \tag{10.4.14}$$

が得られる．このとき，固有値の絶対値はいずれも1となり，誤差の絶対値は減少こそしないが増大することはない．これは波動方程式のもつ基本的な性質から来るものである．

ここで集中質量系の場合を考えると，(8.9.9)より $\nu_l\leq 4c^2/h^2$ であることに注意すれば，(10.4.14)がすべての l についてつねに成立するためには

$$(1-4\beta)\frac{c^2\Delta t^2}{h^2}\leq 1 \tag{10.4.15}$$

が満たされていればよいことがわかる．これから，集中質量近似を採用した場合のNewmarkの β スキームに対する次の安定性の条件が得られる．

$$\begin{cases}\beta\geq\dfrac{1}{4}\quad \text{のとき無条件安定}\\[2ex] \beta<\dfrac{1}{4}\quad \text{のとき}\quad \dfrac{c^2\Delta t^2}{h^2}\leq\dfrac{1}{1-4\beta}\quad \text{ならば安定}\end{cases} \tag{10.4.16}$$

前節で述べたように，はじめから $\beta=1/3!$ ととった(10.3.3)の線形加速度法では，Δt の選び方によってはスキームが不安定になる可能性が生ずるのである．

第11章　移流項をもつ問題

§11.1　移流項をもつ1次元拡散問題

河川における汚染物質の拡散等，流れのある場における拡散問題は重要である．ここでは，まず次のような1次元のモデル問題を取り上げ，移流項をもつ方程式に付随する特有の問題を調べることにしよう．

$$\begin{cases} \dfrac{\partial u}{\partial t} = \sigma\dfrac{\partial^2 u}{\partial x^2} - b(x)\dfrac{\partial u}{\partial x} + f(x), \quad 0 < x < 1 & (11.1.1) \\ u(0, t) = u(1, t) = 0 & (11.1.2) \\ u(x, 0) = u_0(x) & (11.1.3) \end{cases}$$

右辺の $-b(x)\partial u/\partial x$ の項が**移流項**である．$b(x)$ はたとえば清水の流れの既知の速度を与えるもので，上の方程式はその与えられた流れの場における汚染物質の拡散，つまりその濃度 u の変化を定めるものである．

いま，ある点 $x=x_a$ の近傍において $b(x)>0$ であるとしよう．もしも，図11.1に示すように，ある時刻 t において x_a における u の勾配 $\partial u/\partial x$ が正ならば，方程式(11.1.1)の右辺の $-b(x)\partial u/\partial x$ の項は全体として負となり，この項の $\partial u/\partial t$ すなわち点 $x=x_a$ における u の時間変化への寄与は(11.1.1)より減少として作用することになる．これを u の全体の形の移動という立場から見れば，$-b(x)\partial u/\partial x$ における $b(x)>0$ は右へ向かう流れに対応していることが理解されよう．$b(x)$ と $\partial u/\partial x$ の符号の他の組み合わせに対して $-b(x)\partial u/\partial x$ の項の $\partial u/\partial t$ への寄与を調べれば，結局 $b(x)>0$ ならば右へ，$b(x)<0$ ならば左へ向か

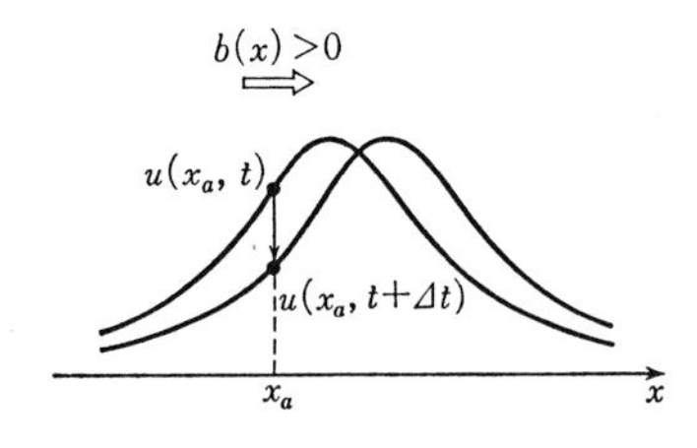

図11.1　$b(x)$ の符号と流れの向きの関係

う流れを与えることがわかる．

ここでは，簡単のために $b(x)$ は時間 t に依存しないとしておく．

§11.2　有限要素法の適用

区間 $(0,1)$ を n 等分した上で基底関数として(1.3.3)と同じ区分的1次関数 $\hat{\varphi}_j(x)$ を採用し，上の問題の近似解を

$$\hat{u}_n(x,t)=\sum_{i=1}^{n-1}a_i(t)\hat{\varphi}_i(x) \tag{11.2.1}$$

の形に展開しよう．これを(11.1.1)の u に代入し，両辺に $\hat{\varphi}_j$ を乗じて $(0,1)$ で積分する．この積分の段階で $b(x)$ は第 j 節点における値を用いて

$$b(x)\fallingdotseq b(x_j)=b_j,\qquad x_{j-1}\leq x<x_{j+1} \tag{11.2.2}$$

のように近似する．また，

$$\frac{\partial\hat{u}_n}{\partial x}=a_{j-1}\frac{d\hat{\varphi}_{j-1}}{dx}+a_j\frac{d\hat{\varphi}_j}{dx}+a_{j+1}\frac{d\hat{\varphi}_{j+1}}{dx},\qquad x_{j-1}\leq x<x_{j+1} \tag{11.2.3}$$

であることに注意すると，移流項の積分は(1.3.3), (1.3.4)より次のようになる．

$$\begin{aligned}&-b_j\left\{a_{j-1}\int_0^1\frac{d\hat{\varphi}_{j-1}}{dx}\hat{\varphi}_jdx+a_j\int_0^1\frac{d\hat{\varphi}_j}{dx}\hat{\varphi}_jdx+a_{j+1}\int_0^1\frac{d\hat{\varphi}_{j+1}}{dx}\hat{\varphi}_jdx\right\}\\&\quad=-b_j\left(-\frac{1}{2}a_{j-1}+\frac{1}{2}a_{j+1}\right)\end{aligned} \tag{11.2.4}$$

さらに，部分積分を行って(11.1.2)を使い，質量の集中化を実行すると，結局次の方程式が得られる．

$$\begin{aligned}h\frac{da_j}{dt}=-\frac{\sigma}{h}(-a_{j-1}+2a_j-a_{j+1})-b_j\left(-\frac{1}{2}a_{j-1}+\frac{1}{2}a_{j+1}\right)+f_j,\\ j=1,2,\cdots,n-1\end{aligned} \tag{11.2.5}$$

ただし，この式で a_0 と a_n は0であり，また

$$f_j=\int_0^1 f\hat{\varphi}_jdx \tag{11.2.6}$$

である．

これを行列形式で書けば，a_j を第 j 成分とするベクトルを $\boldsymbol{a}$ として

$$M\frac{d\boldsymbol{a}}{dt}+K\boldsymbol{a}+B\boldsymbol{a}=\boldsymbol{f} \tag{11.2.7}$$

となる．M と K はそれぞれ集中質量行列(8.3.3)と剛性行列(8.1.14)で，$\boldsymbol{f}$ は f_j を第 j 成分とするベクトルである．B は移流項に対応して新たに導入された次のような行列である．

$$B=\frac{1}{2}\begin{pmatrix} 0 & b_1 & & & & \\ -b_2 & 0 & b_2 & & 0 & \\ & \ddots & \ddots & \ddots & & \\ & & -b_j & 0 & b_j & \\ 0 & & & \ddots & \ddots & \ddots \\ & & & & & b_{n-2} \\ & & & & -b_{n-1} & 0 \end{pmatrix} \tag{11.2.8}$$

この行列は明らかに**非対称**である．したがって，一般に移流項をもつ問題には，行列の対称性を前提とした理論をそのままでは適用できないということに注意しなければならない．

時間微分をきざみ幅 Δt の後退型差分スキームで置き換え，

$$a_j^k=a_j(k\Delta t) \tag{11.2.9}$$

$$f_j^k=f_j(k\Delta t) \tag{11.2.10}$$

と置くと，(11.2.5)は次のようになる

$$h\frac{a_j^{k+1}-a_j^k}{\Delta t}=-\frac{\sigma}{h}(-a_{j-1}^{k+1}+2a_j^{k+1}-a_{j+1}^{k+1})$$

$$-b_j\left(-\frac{1}{2}a_{j-1}^{k+1}+\frac{1}{2}a_{j+1}^{k+1}\right)+f_j^{k+1} \tag{11.2.11}$$

ここで $\lambda=\sigma\Delta t/h^2$ と置けば，結局次のスキームが導かれる．

$$-\left(\lambda+\frac{\Delta t}{2h}b_j\right)a_{j-1}^{k+1}+(1+2\lambda)a_j^{k+1}-\left(\lambda-\frac{\Delta t}{2h}b_j\right)a_{j+1}^{k+1}$$

$$=a_j^k+\frac{\Delta t}{h}f_j^{k+1} \tag{11.2.12}$$

これまで議論してきたように，(11.2.12)が安定であるためには，すなわち(11.2.12)が最大値原理を満たすためには，左辺第1項および第3項が負また

は0であればよい．このことから，スキーム(11.2.12)の安定性条件が次の不等式で与えられることがわかる．

$$\frac{2\sigma}{b_{\max}} \geq h, \qquad b_{\max} = \max_{0 \leq x \leq 1} |b(x)| \tag{11.2.13}$$

つまり，移流項が存在する場合には，後退型スキームであるにもかかわらず(11.2.12)は無条件安定にはならず，空間変数のきざみ幅 h は(11.2.13)を満たすように小さくとらなければならないのである．

§11.3　上流有限要素スキーム

流れが存在する場合には，上流の状態が下流へ大きな影響を及ぼすと考えるのが自然であろう．実際，上流側の情報をより多くとり入れることにより，スキームの安定性を改良することができるのである．

上で得たスキームでは，$\partial u/\partial x$ を近似する部分には(11.2.3)，すなわち

$$\frac{\partial \hat{u}_n}{\partial x} = \begin{cases} a_{j-1}\dfrac{d\hat{\varphi}_{j-1}}{dx} + a_j\dfrac{d\hat{\varphi}_j}{dx} \ ; & x_{j-1} \leq x < x_j \qquad (11.3.1) \\[2ex] a_j\dfrac{d\hat{\varphi}_j}{dx} + a_{j+1}\dfrac{d\hat{\varphi}_{j+1}}{dx} \ ; & x_j \leq x < x_{j+1} \qquad (11.3.2) \end{cases}$$

をとった．それに対し，上流側の情報を重視するということは，たとえば流れが右向きで $b_j>0$ ならば，右側の $x_j \leq x < x_{j+1}$ における勾配に対しても左側の勾配(11.3.1)をそのまま延長して採用することで実現される(図11.2)．つまり，$\partial u/\partial x$ の近似として区間 $x_{j-1} \leq x < x_{j+1}$ 全体にわたって

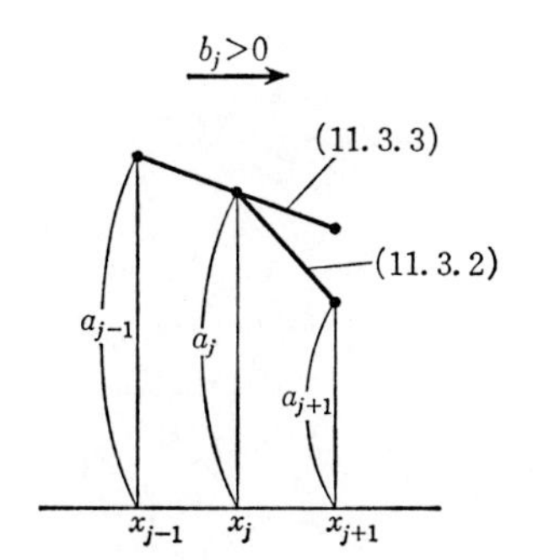

図11.2　上流有限要素スキームにおける $\partial u/\partial x$ の近似

$$\begin{cases} b_j \geq 0 \quad \text{ならば} \quad a_{j-1}\dfrac{d\hat{\varphi}_{j-1}}{dx}+a_j\dfrac{d\hat{\varphi}_j}{dx}=\dfrac{1}{h}(-a_{j-1}+a_j) \\ b_j < 0 \quad \text{ならば} \quad a_j\dfrac{d\hat{\varphi}_j}{dx}+a_{j+1}\dfrac{d\hat{\varphi}_{j+1}}{dx}=\dfrac{1}{h}(-a_j+a_{j+1}) \end{cases} \tag{11.3.3}$$

を採用するのである．このとき，(11.2.4)に相当する積分は

$$-b_j\int_0^1 \frac{\partial \hat{u}_n}{\partial x}\hat{\varphi}_j dx = \begin{cases} -b_j(-a_{j-1}+a_j)\ ; & b_j \geq 0 \\ -b_j(-a_j+a_{j+1})\ ; & b_j < 0 \end{cases} \tag{11.3.4}$$

となり，集中質量系のスキームは結局次の形で表されることになる．

$$\begin{cases} -\left(\lambda+\dfrac{\Delta t}{h}b_j\right)a_{j-1}^{k+1}+\left(1+2\lambda+\dfrac{\Delta t}{h}b_j\right)a_j^{k+1}-\lambda a_{j+1}^{k+1} \\ \quad =a_j^k+\dfrac{\Delta t}{h}f_j^{k+1}\ ; \quad b_j \geq 0 \\ -\lambda a_{j-1}^{k+1}+\left(1+2\lambda-\dfrac{\Delta t}{h}b_j\right)a_j^{k+1}-\left(\lambda-\dfrac{\Delta t}{h}b_j\right)a_{j+1}^{k+1} \\ \quad =a_j^k+\dfrac{\Delta t}{h}f_j^{k+1}\ ; \quad b_j < 0 \end{cases} \tag{11.3.5}$$

このスキームを**上流有限要素スキーム**という．

スキーム(11.3.5)の左辺第1項と第3項の係数はつねに負または0であり，また他の項の係数はすべてつねに正または0である．したがって，この上流有限要素スキームは無条件安定になることがわかる．

スキームに最大値原理を成り立たせるために大切な点は，要するに，移流項から生じた項が，スキームの対角成分すなわち a_j の係数には正または0の形で，非対角成分すなわち $a_{j\pm1}$ の係数には負または0の形で入るようにすることである．

§11.4　移流項をもつ2次元の拡散方程式

2次元多角形領域 G において，移流項をもつ次の拡散方程式を考えよう．

$$\frac{\partial u}{\partial t}=\sigma\left(\frac{\partial^2 u}{\partial x^2}+\frac{\partial^2 u}{\partial y^2}\right)-\left\{b_1(x,y,t)\frac{\partial u}{\partial x}+b_2(x,y,t)\frac{\partial u}{\partial y}\right\}+f(x,y,t) \tag{11.4.1}$$

$$\text{境界 } \partial G \text{ 上で} \quad u=0 \tag{11.4.2}$$

$$u(x,y,0)=u_0(x,y) \tag{11.4.3}$$

ここで

$$\boldsymbol{b}(x, y, t) = (b_1(x, y, t), b_2(x, y, t)) \tag{11.4.4}$$

が与えられた流れの速度を表すベクトルである．方程式(11.4.1)の右辺第2項は

$$\mathrm{grad}\, u = \nabla u = \left(\frac{\partial u}{\partial x}, \frac{\partial u}{\partial y}\right) \tag{11.4.5}$$

を使えば

$$-\boldsymbol{b}\cdot \mathrm{grad}\, u = -\boldsymbol{b}\cdot \nabla u \tag{11.4.6}$$

と書くこともできる．領域Gは**鋭角型**に三角形分割し，§9.1と同様各節点P_iごとに区分的1次の基底関数$\hat{\varphi}_i(x, y)$を構成する．また，P_iに対応する重心領域において質量集中化を行うための区分的定数の基底関数$\bar{\varphi}_i(x, y)$を用意しておく．

この問題の近似解を

$$\hat{u}_n(x, y, t) = \sum_{j=1}^{n} a_j(t)\hat{\varphi}_j(x, y) \tag{11.4.7}$$

と置いて，これを(11.4.1)に代入し，両辺に$\hat{\varphi}_i(x, y)$を乗じて積分すると，次式を得る．

$$\begin{aligned}\sum_{j=1}^{n}\frac{da_j}{dt}\iint_G \bar{\varphi}_j\bar{\varphi}_i dxdy + \sigma\sum_{j=1}^{n} a_j\iint_G\left(\frac{\partial\hat{\varphi}_j}{\partial x}\frac{\partial\hat{\varphi}_i}{\partial x} + \frac{\partial\hat{\varphi}_j}{\partial y}\frac{\partial\hat{\varphi}_i}{\partial y}\right)dxdy \\ + \iint_G b_1\frac{\partial\hat{u}_n}{\partial x}\hat{\varphi}_i dxdy + \iint_G b_2\frac{\partial\hat{u}_n}{\partial y}\hat{\varphi}_i dxdy = \iint_G f\hat{\varphi}_i dxdy\end{aligned} \tag{11.4.8}$$

左辺第1項では質量の集中化(9.2.2)を行ってある．左辺第1項と第2項の取り扱いはこれまでと同様である．取り扱いに注意を要するのは，移流項に対応する第3項と第4項である．

§11.5　上流有限要素三角形

方程式(11.4.8)に時間の離散化を行って得られるスキームが最大値原理を満たすようにするためには，1次元の場合の最後に述べたように，移流項から生じる項がスキームの対角項の係数には正または0の形で，非対角項の係数には

負または0の形で入るようにすればよい．この目的のために，節点P_iに対する**上流有限要素三角形**を導入する．P_iの座標を(x_i, y_i)としよう．P_iのx上流有限要素三角形τ_x^iとは，P_iを通りx軸に平行な直線が，$b_1(x_i, y_i, t) \geq 0$ならばP_iの左側で，$b_1(x_i, y_i, t) < 0$ならば右側で横切る三角形要素である(図11.3)．この直線がちょうど二つの三角形要素の辺に一致する場合には，その辺をはさむどちらの三角形要素をτ_x^iとしてもよい．y上流有限要素三角形τ_y^iの定義も同様である．

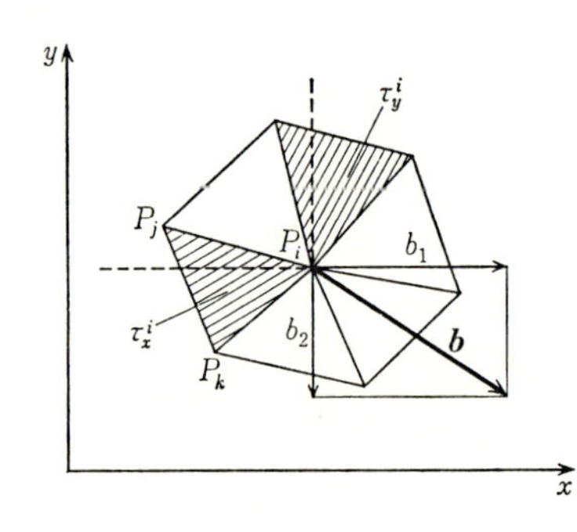

図 11.3　上流有限要素三角形

x上流有限要素三角形τ_x^iのP_i以外の頂点をP_j，P_kとする．P_i，P_j，P_kは正の向きに，つまり上から見て反時計まわりに並んでいるものとしよう．τ_x^iの内部では，$\hat{u}_n(x, y, t)$は

$$\hat{u}_n(x, y, t)\Big|_{\tau_x^i} = a_i(t)\xi_i(x, y) + a_j(t)\xi_j(x, y) + a_k(t)\xi_k(x, y) \qquad (11.5.1)$$

と表現される．ξ_i，ξ_j，ξ_kはそれぞれP_i，P_j，P_kに対応する形状関数である．したがって，(5.3.5)より

$$\frac{\partial \hat{u}_n}{\partial x}\Big|_{\tau_x^i} = \frac{1}{2S_x^i}[(y_j - y_k)a_i + (y_k - y_i)a_j + (y_i - y_j)a_k] \qquad (11.5.2)$$

となる．S_x^iはτ_x^iの面積で，正である．いま，$b_1(x_i, y_i, t) \geq 0$としよう．このとき，τ_x^iの定義から

$$y_j - y_k > 0, \qquad y_k - y_i \leq 0, \qquad y_i - y_j \leq 0 \qquad (11.5.3)$$

となることは明らかである．この事実は，$\partial\xi_i/\partial x$，$\partial\xi_j/\partial x$，$\partial\xi_k/\partial x$の意味を考えれば，直観的に理解できる．これにb_1を乗ずれば

$$b_1(y_j - y_k) \geq 0, \qquad b_1(y_k - y_i) \leq 0, \qquad b_1(y_i - y_j) \leq 0 \quad (11.5.4)$$

となる．$b_1(x_i, y_i, t)<0$ のときには(11.5.3)の符号を逆にした関係が成り立ち，したがってそのときにもやはり(11.5.4)が満たされる．つまり，対角項 a_i の係数は正または0，非対角項 a_j, a_k の係数は負または0になる．

§11.6　2次元有限要素スキーム

以上の準備の下に，(11.4.8)の左辺第3項を具体的に計算しよう．大切な点は，節点 P_i をとりかこむすべての三角形要素から成る領域の全体にわたって，すなわち図11.3でいえばその六角形全体にわたって，上流有限要素三角形 τ^i_x における情報を使用するということである．まず，積分の中の $b_1(x, y, t)$ は頂点 P_i における $b_1(x_i, y_i, t)$ で置き換えて近似する．すると，$b_1\partial\hat{u}_n/\partial x$ は x, y に依存しない定数となるから積分の外に出せて，$\hat{\varphi}_i$ の積分だけが残る．節点 P_i をとりかこむ三角形要素の各々で $\hat{\varphi}_i$ を積分すると，(5.6.3)よりその値は各三角形要素の面積の1/3になる．P_i をとりかこむすべての三角形要素について加え合わせると，結局(11.4.8)の左辺第3項は近似的に次の形に帰着される．

$$\iint_G b_1\frac{\partial\hat{u}_n}{\partial x}\hat{\varphi}_i dxdy \fallingdotseq \frac{1}{6}b_1(x_i, y_i, t)\frac{S^i}{S^i_x}[(y_j-y_k)a_i+(y_k-y_i)a_j+(y_i-y_j)a_k] \tag{11.6.1}$$

ただし，S^i は節点 P_i の重心領域の面積である．同様に，(11.4.8)の左辺第4項も近似的に

$$\iint_G b_2\frac{\partial\hat{u}_n}{\partial y}\hat{\varphi}_i dxdy \fallingdotseq \frac{1}{6}b_2(x_i, y_i, t)\frac{S^i}{S^i_y}[(x_j-x_k)a_i+(x_k-x_i)a_j+(x_i-x_j)a_k] \tag{11.6.2}$$

で置き換える．

ここで時間の離散化を行って，(11.4.8)の時間微分を時間差分で近似しよう．時間のきざみ幅はこれまで通り Δt にとる．そして，差分は後退型にとることにしよう．結果は次のようになる．

$$M\frac{\boldsymbol{a}((k+1)\Delta t)-\boldsymbol{a}(k\Delta t)}{\Delta t}+K\boldsymbol{a}((k+1)\Delta t)+B\boldsymbol{a}((k+1)\Delta t)$$
$$=\boldsymbol{f}((k+1)\Delta t) \tag{11.6.3}$$

ただし，M は(9.2.4)，K は(9.2.5)で与えられ，$\boldsymbol{f}$ は(11.4.8)の右辺の $t=$

$(k+1)\Delta t$ における値を $f_j((k+1)\Delta t)$ とするとき，これを第 j 成分にもつベクトルである．B は移流項に対応する行列で，その成分は(11.6.1)および(11.6.2)より明らかであろう．行列 B は**非対称**であることに注意しよう．

初期値 $\boldsymbol{a}(0)$ から出発し，このスキームに従って逐次反復を行うことにより，有限要素近似解 $\hat{u}_n(x, y, t)$ を求めることができる．

§11.7　スキームの安定性

スキーム(11.6.3)の両辺に Δt を乗じてからその第 i 行を書き下し，さらに $-M_{ii}a_i(k\Delta t)$ と非対角項をすべて右辺に移項すると次のようになる．

$$
\begin{aligned}
&(M_{ii}+\Delta tK_{ii}+\Delta tB_{ii})a_i((k+1)\Delta t)\\
&\quad = M_{ii}a_i(k\Delta t)-\Delta t\sum_{\substack{j=1\\ j\neq i}}^{n}K_{ij}a_j((k+1)\Delta t)\\
&\qquad -\Delta t\sum_{\substack{j=1\\ j\neq i}}^{n}B_{ij}a_j((k+1)\Delta t)+f_i((k+1)\Delta t) \qquad (11.7.1)
\end{aligned}
$$

$M_{ii}>0$, $K_{ii}>0$ は明らかで，また鋭角型分割であれば(9.3.6)より $K_{ij}\leq 0$ であることもわかっている．一方，(11.5.4)より，上流有限要素三角形を採用するかぎりつねに

$$
B_{ii}\geq 0, \qquad B_{ij}\leq 0, \qquad j\neq i \qquad (11.7.2)
$$

が成り立つ．したがって，三角形分割が鋭角型であれば，(11.7.1)の a_i および a_j の係数はすべて正または0になり，これから直ちにスキーム(11.6.3)が最大値原理を満たすこと，すなわち(11.6.3)の無条件安定性が結論されるのである．

第12章　自由境界問題

§12.1　Stefan 問題

これまで見てきた問題の領域 G は，すべて固定されたものであった．それに対し，自然界には領域の境界自体が内部の状態に応じて自然に変化する現象も多く見られる．たとえば，氷が融けて水と氷の境界が変化する現象がその典型である．このような現象を数学的な問題として定式化したものを，**自由境界問題**(free boundary problem)という．

自由境界問題の例として，次の **Stefan 問題**を考えよう．簡単のために，空間変数は1次元の場合を考える．

$$\begin{cases} \dfrac{\partial u}{\partial t} = \sigma\dfrac{\partial^2 u}{\partial x^2}, \quad 0 < x < s(t), \quad 0 < t \le T & (12.1.1) \\ u(0, t) = g(t) & (12.1.2) \\ u(s(t), t) = 0 & (12.1.3) \\ u(x, 0) = f(x), \quad 0 \le x \le b = s(0), \quad 0 < b & (12.1.4) \end{cases}$$

$g(t)$ と $f(x)$ は与えられた関数で，$b=s(0)$ も与えられているものとする．たとえば，u は水の温度であって，$x=s(t)$ は水と氷の境界を表すと考えればよい．水は $0<x<s(t)$ に存在し，一方の壁 $x=0$ が温度 $g(t)$ に暖められ，そのために他方の境界 $x=s(t)$ で氷が融けて $s(t)$ は右方向へ移動する．そのとき，境界は次の Stefan 条件に従って変化する．

$$\frac{ds}{dt} = -\kappa\frac{\partial u}{\partial x}(s(t), t), \quad 0 < t \le T \tag{12.1.5}$$

$\kappa>0$ は熱伝導係数であり，右辺は水から境界に流れ込む熱量である．したがって上の方程式(12.1.5)は，時間 dt の間に ds の量の氷が融けるには右辺の熱量が必要であるという，いわゆる潜熱の関係を表す式である．簡単にいえば，氷が融けてその境界が移動する速さは，境界における水の温度勾配に比例するということである．温度 $u(x, t)$ と共に境界の位置 $s(t)$ を求めることがここでの目的である．

後の議論で必要になるので，ここでAを正の定数として初期値および境界値がむやみに大きくならないことを表す，次の条件を仮定しておく(図12.1)．

$$\begin{cases} 0 \leq f(x) \leq A(b-x) & (12.1.6) \\ 0 < g(t) \leq bA & (12.1.7) \end{cases}$$

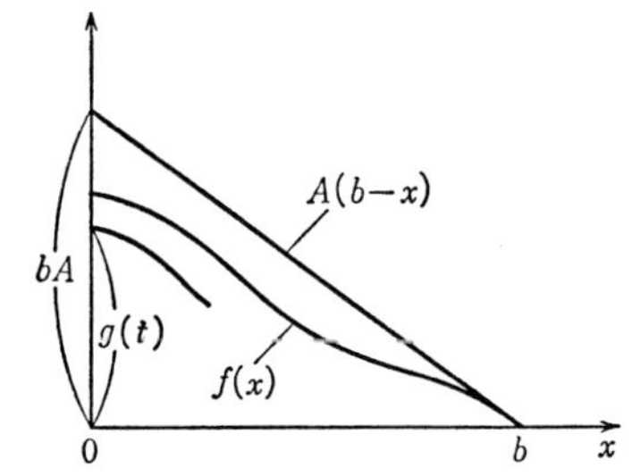

図 12.1　初期条件および境界条件に対する制限

§12.2　時間に依存する基底関数

1次元Stefan問題に有限要素法を適用してみよう．時間と共に境界が変動するので，ここでは領域の分割も時間と共に変動するものを採用する．また，境界の位置はuの近似解と併行して近似的に求めてゆくので，それが近似であることを明示するために以下$s(t)$の代りに$s_n(t)$と書く．いま，時刻tを固定して，その時刻における領域$0 \leq x \leq s_n(t)$をn等分する．そして，各等分点

$$x_j = jh, \qquad h = h(t) = \frac{s_n(t)}{n} \tag{12.2.1}$$

を節点として，区分的1次の基底関数$\hat{\varphi}_j(x,t)$を構成する(図12.2)．

$$\hat{\varphi}_j(x,t) = \begin{cases} 0 & ; \quad 0 \leq x < x_{j-1} \\ \dfrac{x - x_{j-1}}{x_j - x_{j-1}} & ; \quad x_{j-1} \leq x < x_j \\ \dfrac{x_{j+1} - x}{x_{j+1} - x_j} & ; \quad x_j \leq x < x_{j+1} \\ 0 & ; \quad x_{j+1} \leq x \leq s_n(t) \end{cases} \tag{12.2.2}$$

$\hat{\varphi}_0$と$\hat{\varphi}_n$は，それぞれ(12.2.2)の右半分と左半分をとる．基底関数$\hat{\varphi}_j(x,t)$はこれまで使ってきたものと形状は同じであるが，いまの場合時間tの関数にも

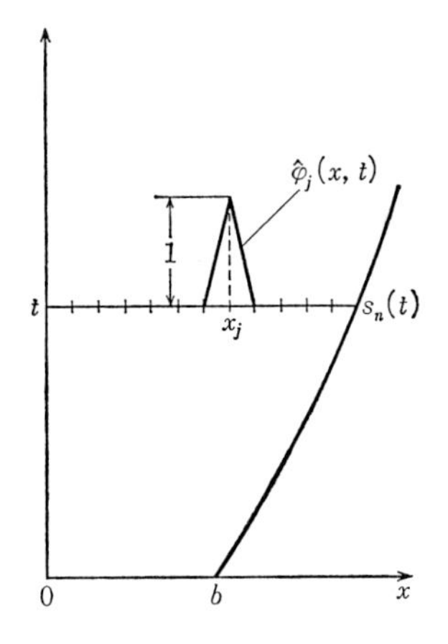

図 12.2　時間に依存する基底関数 $\hat{\varphi}_j(x,t)$

なっていることに注意しよう．その時間依存性は $x_j=jh(t)$ を通じて入っている．$\hat{\varphi}_j(x,t)$ の t に関する微分は次のようになる．

$$\frac{\partial\hat{\varphi}_j}{\partial t}=\begin{cases}0 & ; \quad 0\le x<x_{j-1}\\ -\dfrac{(x-x_{j-1})\dot{x}_j+(x_j-x)\dot{x}_{j-1}}{(x_j-x_{j-1})^2} & ; \quad x_{j-1}\le x<x_j\\ \dfrac{(x-x_j)\dot{x}_{j+1}+(x_{j+1}-x)\dot{x}_j}{(x_{j+1}-x_j)^2} & ; \quad x_j\le x<x_{j+1}\\ 0 & ; \quad x_{j+1}\le x\le s_n(t)\end{cases} \tag{12.2.3}$$

ただし，$\dot{x}_j$ は x_j の時間に関する微分である．

$$\dot{x}_j=\frac{dx_j}{dt}=j\frac{dh}{dt}=\frac{j}{n}\frac{ds_n}{dt} \tag{12.2.4}$$

§12.3　有限要素法の適用

前節で与えた基底関数を使って，問題(12.1.1)-(12.1.5)の近似解を

$$\hat{u}_n(x,t)=\sum_{j=0}^{n}a_j(t)\hat{\varphi}_j(x,t) \tag{12.3.1}$$

と表現しよう．境界条件(12.1.2)，(12.1.3)によって

$$\begin{cases}a_0(t)=g(t)\\ a_n(t)=0\end{cases} \tag{12.3.2}$$

である．$a_n(t)=0$ であるが，後の都合を考慮して $j=n$ の項も加えておく．方程式(12.1.1)の u に(12.3.1)の $\hat{u}_n$ を代入する．そして，両辺に $\hat{\varphi}_k(x,t)$，$k=1,2,\cdots,n-1$ を乗じて積分し，部分積分を行うことにより次式を得る．

$$M(t)\frac{d\boldsymbol{a}}{dt}+\{K(t)+N(t)\}\boldsymbol{a}=0 \tag{12.3.3}$$

ただし，

$$\boldsymbol{a}(t)=\begin{pmatrix} a_0(t) \\ a_1(t) \\ \vdots \\ a_n(t) \end{pmatrix} \tag{12.3.4}$$

である．M および K はそれぞれ第 ij 成分が次式で与えられる $(n-1)\times(n+1)$ 行列である．

$$M_{ij}=\begin{cases} h(t) & ; \quad j=i \\ 0 & ; \quad j\neq i \end{cases} \tag{12.3.5}$$

$$K_{ij}=\begin{cases} -\dfrac{\sigma}{h(t)} & ; \quad j=i-1 \\ \dfrac{2\sigma}{h(t)} & ; \quad j=i \\ -\dfrac{\sigma}{h(t)} & ; \quad j=i+1 \\ 0 & ; \quad j\neq i-1,i,i+1 \end{cases} \tag{12.3.6}$$

質量行列 M については質量集中化を行ってある．行列 N は $\hat{\varphi}_j(x,t)$ の t に関する微分から生ずる，次のような $(n-1)\times(n+1)$ 行列である．

$$N_{ij}=\begin{cases} \dfrac{1}{6}(3i-1)\dfrac{dh}{dt} & ; \quad j=i-1 \\ \dfrac{1}{3}\dfrac{dh}{dt} & ; \quad j=i \\ -\dfrac{1}{6}(3i+1)\dfrac{dh}{dt} & ; \quad j=i+1 \\ 0 & ; \quad j\neq i-1,i,i+1 \end{cases} \tag{12.3.7}$$

この行列は対称ではないことに注意しよう．

次に，微分方程式(12.3.3)の時間微分を後退型時間差分で置き換える．時間

はきざみ幅 Δt で離散化を行い，M, K, N は時刻 $t=(k+1)\Delta t$ での値を使うものとする．

$$M\frac{\boldsymbol{a}((k+1)\Delta t)-\boldsymbol{a}(k\Delta t)}{\Delta t}+(K+N)\boldsymbol{a}((k+1)\Delta t)=0 \qquad (12.3.8)$$

時間には上限 T を設けてあるので，ここでは

$$m\Delta t=T \qquad (12.3.9)$$

としておく．時間が $t=k\Delta t$ から $(k+1)\Delta t$ まで経過するときの境界の位置 $s_n(t)$ の増分 Δs_n は，(12.1.5) を

$$\frac{\Delta s_n}{\Delta t}=-\kappa\frac{\partial\hat{u}_n}{\partial x}(s_n((k+1)\Delta t),(k+1)\Delta t)=\kappa\frac{na_{n-1}((k+1)\Delta t)}{s_n((k+1)\Delta t)} \qquad (12.3.10)$$

によって近似的に置き換えて計算する．

近似解の値を $a_j(k\Delta t)=a_j^k$ と書いて，以上の計算の手順をまとめておこう．最初に初期値を次式に従って求める．

$$\begin{cases} a_j^0=f(x_j), \qquad j=0,1,\cdots,n \\ \Delta s_n(\Delta t)=\kappa\dfrac{na_{n-1}^0}{b}\Delta t \\ s_n(\Delta t)=b+\Delta s_n(\Delta t) \end{cases} \qquad (12.3.11)$$

そして，次の計算を $k=0,1,\cdots,m-1$ についてくり返す．まず，(12.3.8) に Δt を乗じた連立1次方程式

$$\{M((k+1)\Delta t)+\Delta t(K((k+1)\Delta t)+N((k+1)\Delta t))\}\boldsymbol{a}((k+1)\Delta t) = M\boldsymbol{a}(k\Delta t) \qquad (12.3.12)$$

を $\boldsymbol{a}((k+1)\Delta t)$ について解く．ただし，M, K, N は，$s_n((k+1)\Delta t)=nh((k+1)\Delta t)$, $\Delta s_n((k+1)\Delta t)$ を使って計算する．次に，得られた $\boldsymbol{a}((k+1)\Delta t)$ の第 $n-1$ 成分 a_{n-1}^{k+1} を使って

$$\begin{cases} \Delta s_n((k+2)\Delta t)=\kappa\dfrac{na_{n-1}^{k+1}}{s_n((k+1)\Delta t)}\Delta t & (12.3.13) \\ s_n((k+2)\Delta t)=s_n((k+1)\Delta t)+\Delta s_n((k+2)\Delta t) & (12.3.14) \end{cases}$$

を計算する．

以上の手順によって，有限要素近似解 $\hat{u}_n(x,t)$ と境界 $s_n(t)$ が逐次求められる

わけである．ただし，このスキームは a_j^k に関して非線形であることに注意しよう．

§12.4　スキームの安定性

上述のスキームが安定になるための十分条件を調べよう．記述を簡単にするために，ここでは

$$\begin{cases} \alpha_k = \dfrac{\sigma n^2 \Delta t}{s_n{}^2(k\Delta t)} + \dfrac{\Delta s_n(k\Delta t)}{6 s_n(k\Delta t)} & (12.4.1) \\ \beta_k = \dfrac{\Delta s_n(k\Delta t)}{2 s_n(k\Delta t)} & (12.4.2) \end{cases}$$

と置く．このとき，(12.3.12) の第 j 行は次のようになる．

$$-(\alpha_{k+1} - j\beta_{k+1})a_{j-1}^{k+1} + (1+2\alpha_{k+1})a_j^{k+1} - (\alpha_{k+1}+j\beta_{k+1})a_{j+1}^{k+1} = a_j^k,$$
$$j = 1, 2, \cdots, n-1 \qquad (12.4.3)$$

ただし，$a_0^{k+1} = g((k+1)\Delta t)$ および $a_n^{k+1} = 0$ は既知である．これまでたびたび議論してきたように，(12.4.3) が安定であるためには，すなわち最大値原理を満たすためには，左辺第2項の係数が正，第1項および第3項の係数が負または0であればよい．したがって，もしもつねに

$$\begin{cases} \Delta s_n(k\Delta t) \geq 0 & (12.4.4) \\ n\beta_k \leq \alpha_k & (12.4.5) \end{cases}$$

が共に満たされていれば，(12.4.3) は安定になる．

境界が時間と共に増大すること，すなわち (12.4.4) が成り立つことは，$a_{n-1}^k > 0$ が示されれば十分である．一方，(12.4.5) が成り立つためには，s_n に比較して Δs_n が大きすぎなければよい．すなわち，境界における $\hat{u}_n$ の勾配がつねに適度におさえられていればよい．そこで，(12.1.6) および (12.1.7) の A に関して

$$A \leq \frac{2\sigma n}{\kappa l}, \qquad l = b + \kappa A T \qquad (12.4.6)$$

なる不等式を仮定し，その条件の下で

$$0 \leq \frac{a_j^k}{(1-j/n)s_n(k\Delta t)} \leq A, \qquad j = 0, 1, \cdots, n-1 \;\; ;$$

$$k = 0, 1, \cdots, m \tag{12.4.7}$$

を証明しよう．もしもこれが成り立てば，図12.3から明らかなように，境界における $\hat{u}_n$ の勾配はつねに一定値 A 以下におさえられ，したがって境界は急激には増大せず，最大値原理が成り立つことが期待される．

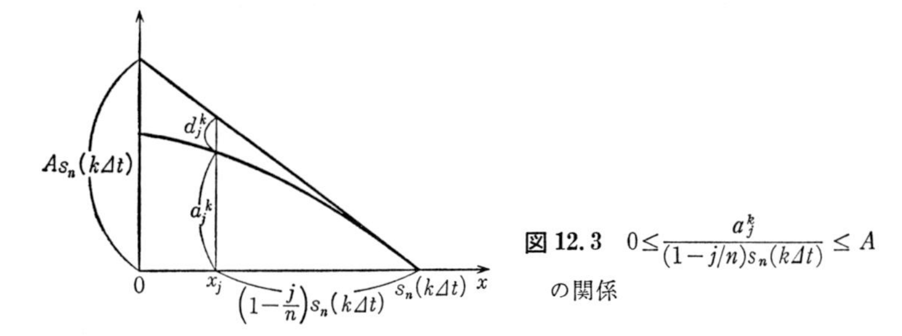

図 12.3　$0 \leq \dfrac{a_j^k}{(1-j/n)s_n(k\Delta t)} \leq A$ の関係

不等式(12.4.7)を証明するためには，

$$d_j^k = A\left(1-\frac{j}{n}\right)s_n(k\Delta t) - a_j^k \tag{12.4.8}$$

と置いて

$$\begin{cases} 0 < b \leq s_n(\Delta t) \leq s_n(2\Delta t) \leq \cdots \leq s_n(k\Delta t) & (12.4.9) \\ 0 \leq a_j^k & (12.4.10) \\ 0 \leq d_j^k & (12.4.11) \end{cases}$$

を証明すればよい．そのために必要になるので，(12.4.8)を a_j^k について解いてこれを(12.4.3)に代入して，d_j^k が満たす次のスキームを準備しておこう．

$$\begin{aligned} &-(\alpha_{k+1} - j\beta_{k+1})d_{j-1}^{k+1} + (1+2\alpha_{k+1})d_j^{k+1} - (\alpha_{k+1} + j\beta_{k+1})d_{j+1}^{k+1} \\ &= d_j^k + \frac{j}{n} A\Delta s_n((k+1)\Delta t) \end{aligned} \tag{12.4.12}$$

さて，(12.4.9)-(12.4.11)を k に関する帰納法で証明しよう．まず $k=0$ のとき(12.4.9)-(12.4.11)が成立することは，(12.1.4)，(12.1.6)および(12.3.11)より明らかである．次に，k のとき(12.4.9)-(12.4.11)が成立していると仮定しよう．このとき，(12.3.13)の関係より $\Delta s_n((k+1)\Delta t) \geq 0$ すなわち $s_n(k\Delta t) \leq s_n((k+1)\Delta t)$ は明らかである．また，$0 \leq d_{n-1}^k$ および(12.3.13)より

$$\frac{\Delta s_n((k+1)\Delta t)}{\Delta t} = \kappa \frac{n a_{n-1}^k}{s_n(k\Delta t)} \leq \kappa A \tag{12.4.13}$$

が成り立つ．一方，

$$s_n((k+1)\varDelta t) \leq b+(k+1)\varDelta t\kappa A \leq b+\kappa AT = l \qquad (12.4.14)$$

より

$$\begin{aligned}\alpha_{k+1}-n\beta_{k+1} &= \frac{\varDelta t}{s_n((k+1)\varDelta t)}\left\{\frac{\sigma n^2}{s_n((k+1)\varDelta t)}-\frac{3n-1}{6}\frac{\varDelta s_n((k+1)\varDelta t)}{\varDelta t}\right\} \\ &\geq \frac{\kappa n\varDelta t}{2l}\left(\frac{2\sigma n}{\kappa l}-A\right) \geq 0 \qquad (12.4.15)\end{aligned}$$

が成り立つ．したがって，(12.4.3)において最大値原理，つまり $\theta=1$, $f_j^k=0$ と置いた(8.6.5)の左側の不等号が成立し，$a_0^{k+1}=g((k+1)\varDelta t)\geq 0$, $a_n^{k+1}=0$ に注意すれば

$$a_j^{k+1} \geq 0 \qquad (12.4.16)$$

を得る．また，同様に(12.4.12)に関しても最大値原理が成立するから，(8.6.5)において $\varDelta tf_j^k$ の代りに $\varDelta s_n((k+1)\varDelta t)$ と置き，さらに条件(12.1.7)より $d_0^{k+1}=As_n((k+1)\varDelta t)-a_0^{k+1}\geq Ab-g((k+1)\varDelta t)\geq 0$ および $d_n^{k+1}=0$ に注意すれば

$$d_j^{k+1} \geq 0 \qquad (12.4.17)$$

が結論される．こうして(12.4.9)-(12.4.11)が証明された．

このように，Stefan問題は解 $\hat{u}_n(x, t)$ と境界の位置 $s_n(t)$ とが互いに相互作用を及ぼしながら変化する非線形問題になるので，スキームの安定性を明らかにするためには線形問題に比較してかなり複雑な手続きが必要になるのである．

第13章　非線形問題と逐次近似法

§13.1　非線形問題と弱形式の方程式

これまで述べてきた問題は主として未知関数に関して線形な問題であったが，有限要素法は各種の非線形問題にも適用することができる．本章では再び時間に依存しない問題に戻り，二,三の典型的な非線形定常問題に有限要素法を適用してみることにする．

与えられた微分方程式に有限要素法が適用できるためには，その方程式に対応する弱形式を導くことができると好都合である．2次元領域Gにおいて次の形で与えられる方程式は，有限要素法が適用できる非線形問題の一つの典型的な例である．

$$\begin{cases} -\left\{\dfrac{\partial}{\partial x}\left(\alpha(u)\dfrac{\partial u}{\partial x}\right)+\dfrac{\partial}{\partial y}\left(\beta(u)\dfrac{\partial u}{\partial y}\right)\right\}=f(x,y) & (13.1.1)\\ \partial G\text{ において}\quad u=0 & (13.1.2)\end{cases}$$

α，βがそれぞれuの関数になっているために，(13.1.1)は非線形方程式になる．方程式(13.1.1)の両辺に第4章で定義した$\mathring{H}_1$の関数vを乗じて積分すれば，次の弱形式の方程式を得る．

$$\begin{cases} \displaystyle\iint_G\left\{\alpha(u)\frac{\partial u}{\partial x}\frac{\partial v}{\partial x}+\beta(u)\frac{\partial u}{\partial y}\frac{\partial v}{\partial y}\right\}dxdy=\iint_G fvdxdy & (13.1.3)\\ \partial G\text{ において}\quad u=0 & (13.1.4)\end{cases}$$

ここで，§4.5で定義した区分的1次関数$\{\hat{\varphi}_j\}$の1次結合によって近似解を

$$\hat{u}_n(x,y)=\sum_{j=1}^{n}a_j\hat{\varphi}_j(x,y) \qquad (13.1.5)$$

の形に置き，vとして$\hat{\varphi}_k$，$k=1,2,\cdots,n$をとれば，(13.1.3)より次の近似方程式を得る．

$$\iint_G\left\{\alpha(\hat{u}_n)\frac{\partial\hat{u}_n}{\partial x}\frac{\partial\hat{\varphi}_k}{\partial x}+\beta(\hat{u}_n)\frac{\partial\hat{u}_n}{\partial y}\frac{\partial\hat{\varphi}_k}{\partial y}\right\}dxdy=\iint_G f\hat{\varphi}_k dxdy \qquad (13.1.6)$$

係数に $\alpha(\hat{u}_n)$ および $\beta(\hat{u}_n)$ が現れているので，この方程式は未知数 $\{a_j\}$ に関する非線形方程式である．しかし，α および β への u の依存性が小さければ，この項をいわば線形化して処理することができる．このような非線形方程式を解くためにしばしば採用される方法は，次に述べる反復代入による**逐次近似法**である．

逐次近似法は一般に近似関数 $\hat{u}_n$ を反復代入によって逐次真の解に近づけてゆく形に構成する．そこで，その反復の回数に対応して，これに次のように番号 m を付しておく．

$$\hat{u}_n^{(m)}(x, y) = \sum_{j=1}^{n} a_j^{(m)} \hat{\varphi}_j(x, y) \tag{13.1.7}$$

そして，方程式(13.1.6)から次のような反復スキームを構成する．

$$\iint_G \left\{ \alpha(\hat{u}_n^{(m)}) \frac{\partial \hat{u}_n^{(m+1)}}{\partial x} \frac{\partial \hat{\varphi}_k}{\partial x} + \beta(\hat{u}_n^{(m)}) \frac{\partial \hat{u}_n^{(m+1)}}{\partial y} \frac{\partial \hat{\varphi}_k}{\partial y} \right\} dxdy = \iint_G f \hat{\varphi}_k dxdy, \quad m = 0, 1, 2, \cdots \tag{13.1.8}$$

これを具体的に未知係数 $\{a_j^{(m+1)}\}$ に関する方程式に書き下せば，次のようになる．

$$\sum_{j=1}^{n} a_j^{(m+1)} \iint_G \left\{ \alpha(\hat{u}_n^{(m)}) \frac{\partial \hat{\varphi}_j}{\partial x} \frac{\partial \hat{\varphi}_k}{\partial x} + \beta(\hat{u}_n^{(m)}) \frac{\partial \hat{\varphi}_j}{\partial y} \frac{\partial \hat{\varphi}_k}{\partial y} \right\} dxdy = \iint_G f \hat{\varphi}_k dxdy, \quad m = 0, 1, 2, \cdots \tag{13.1.9}$$

反復の具体的手順は次の通りである．最初に適当な初期値 $\{a_j^{(0)}\}$ を選んで $\hat{u}_n^{(0)}$ を構成し，$\alpha(\hat{u}_n^{(0)})$ および $\beta(\hat{u}_n^{(0)})$ を計算する．すると，(13.1.9) は $\hat{u}_n^{(1)}$ を求めるための方程式，すなわち未知係数 $\{a_j^{(1)}\}$ に関する連立1次方程式になる．これを解いて $\{a_j^{(1)}\}$ を求め，その解を使って $\alpha(\hat{u}_n^{(1)})$ および $\beta(\hat{u}_n^{(1)})$ を計算する．このとき，方程式(13.1.9)は $\{a_j^{(2)}\}$ に関する連立1次方程式になるから，再びこれを解いて $\hat{u}_n^{(2)}$ を求める．この手順を，収束が達成されたとみなされるまで反復する．すなわち，あらかじめ定めた誤差の許容限界を ε とするとき，

$$|a_j^{(m+1)} - a_j^{(m)}| < \varepsilon, \qquad j = 1, 2, \cdots, n \tag{13.1.10}$$

が成り立つまでくり返せばよい．この反復法において，m を増してゆくとき $\hat{u}_n^{(m)}$ が厳密解 u の適当な近似解に収束するか否か，あるいは未知係数 $\{a_j^{(m)}\}$ に関する連立1次方程式が解をもつか否かは，具体的な α および β の性質に依存

することはいうまでもない.

§13.2　Navier-Stokes 方程式とその弱形式

与えられた方程式から導いた弱形式に逐次近似法を適用する問題の具体例として，非圧縮性粘性流体の2次元定常流を記述する Navier-Stokes 方程式を取り上げよう.

流速および圧力をそれぞれ

$$\begin{cases} \boldsymbol{u} = \boldsymbol{u}(x, y) = (u_1(x, y), u_2(x, y)) & (13.2.1) \\ p = p(x, y) & (13.2.2) \end{cases}$$

と書くと，2次元領域 G における Navier-Stokes 方程式は次の形で与えられる.

$$\begin{cases} \rho \boldsymbol{u} \cdot \mathrm{grad}\, u_1 + \dfrac{\partial p}{\partial x} - \mu \Delta u_1 = \rho f_1 & (13.2.3) \\ \rho \boldsymbol{u} \cdot \mathrm{grad}\, u_2 + \dfrac{\partial p}{\partial y} - \mu \Delta u_2 = \rho f_2 & (13.2.4) \end{cases}$$

ただし，ρ は流体の密度，μ は粘性係数であり，$\boldsymbol{f}=(f_1, f_2)$ は重力などの物体力である. また，流速 $\boldsymbol{u}$ は次の連続の方程式を満足する.

$$\mathrm{div}\, \boldsymbol{u} = 0 \qquad (13.2.5)$$

いうまでもなく，(13.2.3)，(13.2.4)の左辺第1項が問題の非線形項である. この項の寄与が小さい場合には，前節に述べたような反復代入による逐次近似法を適用することができるであろう.

境界 ∂G は2種類に分けられ，第1の境界 ∂G_1 では流速が指定されていて，第2の境界 ∂G_2 では流体に力 $\boldsymbol{r}=(r_1, r_2)$ が働いているものとする(図13.1). すなわち，∂G_1 および ∂G_2 で具体的に次の形の境界条件を仮定する.

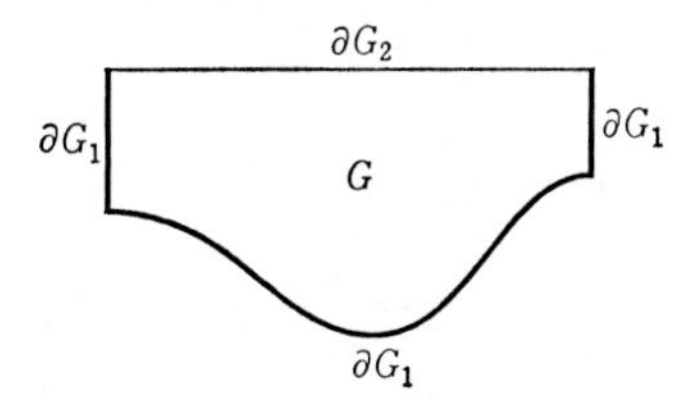

図13.1　境界 ∂G_1 と ∂G_2

$$\partial G_1 \text{ において} \qquad \boldsymbol{u}=\boldsymbol{g}=(g_1, g_2) \tag{13.2.6}$$

$$\partial G_2 \text{ において} \qquad \begin{cases} \left(-p+\mu\dfrac{\partial u_1}{\partial x}\right)\dfrac{\partial x}{\partial n}+\mu\dfrac{\partial u_1}{\partial y}\dfrac{\partial y}{\partial n}=\boldsymbol{r}_1 & (13.2.7) \\ \mu\dfrac{\partial u_2}{\partial x}\dfrac{\partial x}{\partial n}+\left(-p+\mu\dfrac{\partial u_2}{\partial y}\right)\dfrac{\partial y}{\partial n}=\boldsymbol{r}_2 & (13.2.8) \end{cases}$$

$\partial/\partial n$ は境界 ∂G_2 における外向き法線方向への微分である．第1の境界条件(13.2.6)は，領域の入口の流速を指定する場合，あるいは壁があれば壁に垂直方向の速度成分は0と指定する場合などに相当する．また，第2の境界条件(13.2.7)および(13.2.8)は，大気圧の働いている水面の状態を指定する場合などに相当する．第2の境界条件はむしろ境界面に接する方向とそれに垂直な方向とに指定するのが自然であるが，ここでは後の都合を考慮して，x 方向と y 方向に指定してある．

領域 G において1階微分可能で，かつ境界 ∂G_1 において値が0である関数の成す空間を§4.6にならって $H_1{}^*$ と書こう．∂G_2 では境界条件は課さない．このとき，方程式(13.2.3)，(13.2.4)に対応する弱形式を導くには，その両辺に任意の $v\in H_1{}^*$ を乗じて G で積分を行い，部分積分を実行すればよい．この操作により，(13.2.3)から次の方程式が得られる．

$$\begin{aligned} &\iint_G\left(\rho u_1\frac{\partial u_1}{\partial x}+\rho u_2\frac{\partial u_1}{\partial y}+\frac{\partial p}{\partial x}-\mu\Delta u_1-\rho f_1\right)v\,dxdy \\ &=\iint_G\left\{\left(\rho u_1\frac{\partial u_1}{\partial x}+\rho u_2\frac{\partial u_1}{\partial y}\right)v+\left(-p+\mu\frac{\partial u_1}{\partial x}\right)\frac{\partial v}{\partial x}+\mu\frac{\partial u_1}{\partial y}\frac{\partial v}{\partial y}\right\}dxdy \\ &\quad-\int_{\partial G_1+\partial G_2}\left\{\left(-p+\mu\frac{\partial u_1}{\partial x}\right)\frac{\partial x}{\partial n}+\mu\frac{\partial u_1}{\partial y}\frac{\partial y}{\partial n}\right\}v\,d\sigma-\iint_G\rho f_1 v\,dxdy=0 \end{aligned} \tag{13.2.9}$$

部分積分には，恒等式

$$\begin{aligned} \iint_G\frac{\partial}{\partial x}(UV)dxdy &= \iint_G\frac{\partial U}{\partial x}V\,dxdy+\iint_G U\frac{\partial V}{\partial x}dxdy \\ &= \int_{\partial G}UV\frac{\partial x}{\partial n}d\sigma \end{aligned} \tag{13.2.10}$$

および y に関する同様の式を使った．境界条件(13.2.7)および ∂G_1 で $v=0$ であることを考慮に入れると，(13.2.3)に対応する弱形式の方程式として結局次の方程式が導かれる．

$$\iint_G\left\{\left(\rho u_1\frac{\partial u_1}{\partial x}+\rho u_2\frac{\partial u_1}{\partial y}\right)v+\left(-p+\mu\frac{\partial u_1}{\partial x}\right)\frac{\partial v}{\partial x}+\mu\frac{\partial u_1}{\partial y}\frac{\partial v}{\partial y}\right\}dxdy$$
$$=\int_{\partial G_2}r_1vd\sigma+\iint_G\rho f_1vdxdy,\qquad {}^\forall v\in H_1{}^* \tag{13.2.11}$$

方程式(13.2.4)についても同様に次の弱形式の方程式が導かれる．

$$\iint_G\left\{\left(\rho u_1\frac{\partial u_2}{\partial x}+\rho u_2\frac{\partial u_2}{\partial y}\right)v+\mu\frac{\partial u_2}{\partial x}\frac{\partial v}{\partial x}+\left(-p+\mu\frac{\partial u_2}{\partial y}\right)\frac{\partial v}{\partial y}\right\}dxdy$$
$$=\int_{\partial G_2}r_2vd\sigma+\iint_G\rho f_2vdxdy,\qquad {}^\forall v\in H_1{}^* \tag{13.2.12}$$

連続の条件(13.2.5)の弱形式を導くには，その両辺に任意の関数$q\in H_0$を乗じて積分すればよい．H_0は単にGで可積分な関数の成す空間で，境界条件は課していない．

$$\iint_G\left(\frac{\partial u_1}{\partial x}+\frac{\partial u_2}{\partial y}\right)qdxdy=0,\qquad {}^\forall q\in H_0 \tag{13.2.13}$$

qは物理的には圧力に相当する関数である．

§13.3 Navier-Stokes 方程式の有限要素解

弱形式の方程式(13.2.11)-(13.2.13)に有限要素法を適用するために，基底関数$\{\hat\varphi_j\}$を使って流速u_1およびu_2をそれぞれ次の形の$\hat u_1$および$\hat u_2$によって近似する．

$$\begin{cases}\hat u_1(x,y)=\sum_j a_j\hat\varphi_j(x,y) & (13.3.1)\\ \hat u_2(x,y)=\sum_j b_j\hat\varphi_j(x,y) & (13.3.2)\end{cases}$$

一方，圧力pに対しては流速(u_1,u_2)と共通の基底関数を使用せずに，pの近似関数$\hat p$は$\{\hat\varphi_j\}$とは異なる基底関数$\{\hat\phi_j\}$を使って表現する．

$$\hat p(x,y)=\sum_j c_j\hat\phi_j(x,y) \tag{13.3.3}$$

方程式(13.2.11)-(13.2.13)に現れる微分の階数から，$\{\hat\varphi_j\}$に対しては1階微分可能性，$\{\hat\phi_j\}$に対しては単に積分可能であることを仮定すれば十分であるが，一般には $\{\hat{\varphi}_j\}$ と $\{\hat{\hat{\varphi}}_j\}$ の組み合わせには理論上から別の制限が加わる．実際問題では，解の精度を向上させる目的も含めて，例えば $\{\hat{\varphi}_j\}$ としては§7.2で述べた区分的2次の基底関数，そして $\{\hat{\hat{\varphi}}_j\}$ としては区分的1次の基底関数を採用するのが一つの適切な選び方である．

近似形(13.3.1), (13.3.2)を(13.2.11)-(13.2.13)に代入し，v として $\hat{\varphi}_k$, q として $\hat{\hat{\varphi}}_k$ をとる．q として $\hat{\hat{\varphi}}_k$ をとったことは，(13.2.11)の $-p\partial v/\partial x$ の項および(13.2.12)の $-p\partial v/\partial y$ の項と(13.2.13)の被積分関数との対応を考えれば自然に理解されよう．さらに，(13.2.11)と(13.2.12)に現れる非線形項のうち微分を含まない u_1 および u_2 に上付添字 (m) を付し，他のすべての項に添字 $(m+1)$ を付すことにより，前節に述べた型の逐次近似法を構成することができる．すなわち，m ステップ目の値 $\{a_j^{(m)}, b_j^{(m)}\}$ を利用して $m+1$ ステップ目の値 $\{a_j^{(m+1)}, b_j^{(m+1)}, c_j^{(m+1)}\}$ を計算する次のスキームが導かれる．

$$
\left\{
\begin{aligned}
&\sum_{i,j} C_{kji}a_j^{(m)}a_i^{(m+1)}+\sum_{i,j} D_{kji}b_j^{(m)}a_i^{(m+1)}-\sum_j E_{kj}c_j^{(m+1)}+\sum_j K_{kj}a_j^{(m+1)}\\
&\quad=\int_{\partial G_2} r_1\hat{\varphi}_k d\sigma+\iint_G \rho f_1\hat{\varphi}_k dxdy, \qquad k=1,2,\cdots \qquad (13.3.4)\\
&\sum_{i,j} C_{kji}a_j^{(m)}b_i^{(m+1)}+\sum_{i,j} D_{kji}b_j^{(m)}b_i^{(m+1)}-\sum_j F_{kj}c_j^{(m+1)}+\sum_j K_{kj}b_j^{(m+1)}\\
&\quad=\int_{\partial G_2} r_2\hat{\varphi}_k d\sigma+\iint_G \rho f_2\hat{\varphi}_k dxdy, \qquad k=1,2,\cdots \qquad (13.3.5)\\
&\sum_j E_{jk}a_j^{(m+1)}+\sum_j F_{jk}b_j^{(m+1)}=0, \qquad k=1,2,\cdots \qquad (13.3.6)
\end{aligned}
\right.
$$

ただし，

$$C_{kji}=\iint_G \rho\hat{\varphi}_k\hat{\varphi}_j\frac{\partial\hat{\varphi}_i}{\partial x}dxdy \qquad (13.3.7)$$

$$D_{kji}=\iint_G \rho\hat{\varphi}_k\hat{\varphi}_j\frac{\partial\hat{\varphi}_i}{\partial y}dxdy \qquad (13.3.8)$$

$$E_{kj}=\iint_G \frac{\partial\hat{\varphi}_k}{\partial x}\hat{\hat{\varphi}}_j dxdy \qquad (13.3.9)$$

$$F_{kj}=\iint_G \frac{\partial\hat{\varphi}_k}{\partial y}\hat{\hat{\varphi}}_j dxdy \qquad (13.3.10)$$

$$K_{kj}=\iint_G \mu\left(\frac{\partial\hat{\varphi}_k}{\partial x}\frac{\partial\hat{\varphi}_j}{\partial x}+\frac{\partial\hat{\varphi}_k}{\partial y}\frac{\partial\hat{\varphi}_j}{\partial y}\right)dxdy \qquad (13.3.11)$$

である．

適当な初期値 $\{a_j^{(0)}, b_j^{(0)}, c_j^{(0)}\}$ を出発値として選び，上の反復を収束するまでくり返す方法が，いまの場合の逐次近似法である．収束した値を(13.3.1)-(13.3.3)に代入すれば，目的とした近似解が得られたことになる．

§13.4 極小曲面問題

3次元の xyz 空間の中に曲線 Γ が与えられているものとする．このとき，曲線 Γ を境界とする面積最小の曲面を求める問題は，**極小曲面問題**あるいは**Plateau 問題**として古くから知られている．

問題の記述を簡単にするために，ここでは境界 Γ が

$$z = g(x, y) \tag{13.4.1}$$

なる1価関数 g によって定義されているものとしよう．このとき，Γ でかこまれる曲面 $z=u(x, y)$ の面積

$$J[u] = \iint_G (1+u_x^2+u_y^2)^{1/2} dxdy \tag{13.4.2}$$

を最小にする u を求める問題が，極小曲面の問題である．G は，Γ を xy 平面上に投影した境界 ∂G でかこまれる xy 平面上の領域である(図13.2)．$J[u]$ の第1変分を0と置くことにより，この問題の Euler 方程式が導かれる．

$$u_{xx}(1+u_y{}^2)-2u_{xy}u_xu_y+u_{yy}(1+u_x{}^2) = 0 \tag{13.4.3}$$

この方程式の非線形性はきわめて強い．したがって，3項の積から成る $u_{xx}u_y{}^2$, $u_{xy}u_xu_y$, $u_{yy}u_x{}^2$ の各々からいずれか1項を未知数に選び，その未知数に関する連立1次方程式をくり返し解く§13.1に示したような逐次近似法を構成し

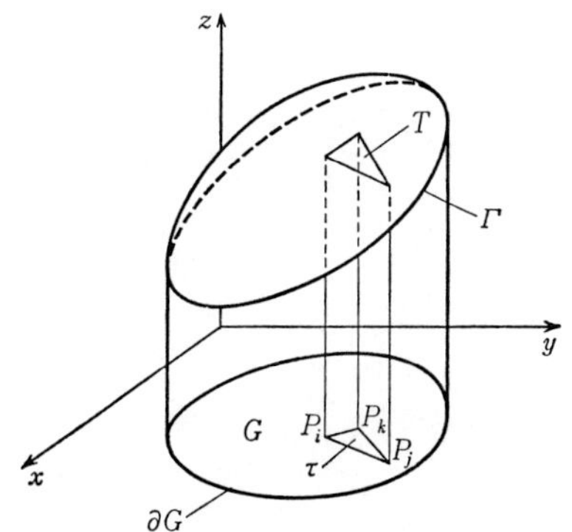

図 13.2 境界 Γ と三角形要素 τ

ても，その逐次近似法の収束はまったく保証されない．

この問題では，汎関数$J[u]$を直接最小にするような計算法を構成する方が実際的である．$J[u]$に現れる微分はuの1階微分であるから，ここではuの有限要素近似$\hat{u}_n$として区分的1次の関数を使用することができる．そこで，ここでも領域Gを三角形分割し，各三角形要素τの内部で1次関数で全体として連続であるような関数を$\hat{u}_n$としてとることにしよう．三角形要素τの3節点をτを上から見て反時計まわりにP_i，P_j，P_kとし，各節点における$\hat{u}_n$の値をそれぞれu_i，u_j，u_kとする(図13.2)．つまり，三角形要素τの上で近似多面体$z=\hat{u}_n(x,y)$の一つの面を構成している三角形Tの頂点の座標を(x_i, y_i, u_i)，(x_j, y_j, u_j)，(x_k, y_k, u_k)とする．このとき，τにおける$\hat{u}_n$は(5.3.7)より次のように表現することができる．

$$\hat{u}_n\Big|_\tau=\frac{1}{2S}\left\{\begin{vmatrix}u_i & u_j & u_k\\ x_i & x_j & x_k\\ y_i & y_j & y_k\end{vmatrix}-\begin{vmatrix}u_i & u_j & u_k\\ 1 & 1 & 1\\ y_i & y_j & y_k\end{vmatrix}x-\begin{vmatrix}u_i & u_j & u_k\\ x_i & x_j & x_k\\ 1 & 1 & 1\end{vmatrix}y\right\} \tag{13.4.4}$$

ここで，Sは三角形要素τの面積で，(5.3.3)より

$$S=\frac{1}{2}\begin{vmatrix}1 & 1 & 1\\ x_i & x_j & x_k\\ y_i & y_j & y_k\end{vmatrix} \tag{13.4.5}$$

である．このとき，$z=\hat{u}_n(x,y)$で構成される多面体の面積は，(13.4.2)より次のようになる．

$$J[\hat{u}_n]=\sum_\tau S_T \tag{13.4.6}$$

ただし，S_Tは三角形要素τの上の近似多面体上の三角形Tの面積で，(13.4.4)より次式で与えられる．

$$\begin{aligned}S_T&=\iint_\tau\left\{1+\left(\frac{\partial\hat{u}_n}{\partial x}\right)^2+\left(\frac{\partial\hat{u}_n}{\partial y}\right)^2\right\}^{1/2}dxdy\\ &=\frac{1}{2}\left\{\begin{vmatrix}1 & 1 & 1\\ x_i & x_j & x_k\\ y_i & y_j & y_k\end{vmatrix}^2+\begin{vmatrix}u_i & u_j & u_k\\ 1 & 1 & 1\\ y_i & y_j & y_k\end{vmatrix}^2+\begin{vmatrix}u_i & u_j & u_k\\ x_i & x_j & x_k\\ 1 & 1 & 1\end{vmatrix}^2\right\}^{1/2}\end{aligned} \tag{13.4.7}$$

こうして，われわれの問題は，境界上の節点において

$$\hat{u}_n = g \tag{13.4.8}$$

を満たすという条件の下で，(13.4.6)の $J[\hat{u}_n]$ を最小にする問題に帰着された．

§13.5　多価の境界条件をもつ極小曲面問題

有限要素法の標準的手法に従うならば，まず領域 G を適当に三角形分割して節点 (x_i, y_i) を固定し，次に(13.4.6)の $J[\hat{u}_n]$ が最小になるように節点 (x_i, y_i) における $\hat{u}_n$ の値 u_i を決定すればよい．しかし，(13.4.6)の $J[\hat{u}_n]$ を最小にするという問題では，変分パラメータは u_i に限る必要はないことに注意しよう．つまり，点 (x_i, y_i, u_i) の位置を xyz 空間の中で最適に決定するという考え方に基づいて，u_i のみでなく，節点の座標 x_i および y_i 自体も変分のパラメータとして変動させることができるのである．このようにすれば，$J[\hat{u}_n]$ の最小値はより小さくなる可能性がある上に，問題の定式化をより柔軟に実行できるのである．実際，第12章に見たように，自由境界問題ではこの考え方により有効な解法を得ることができた．そこで本節では，境界条件が1価でない一つの具体的な問題をとり上げ，この考え方に基づく解法を構成してみよう．

境界条件が多価になる例として，2本の直線と2本の円弧とから成る図13.3に示すような曲線 Γ を考えよう．この曲線 Γ は，もしも中心角 θ が $\pi/2$ よりも大であるならば，どのような平面にこれを投影してもその投影像 ∂G の上に境界条件を1価に与えることは不可能である．ところが，対称性に着目してこれを4等分し，図13.4の実線で示した部分に制限すれば，ここでは極小曲面 u は明らかに x, y の1価関数になり，境界条件は1価で与えることができる．

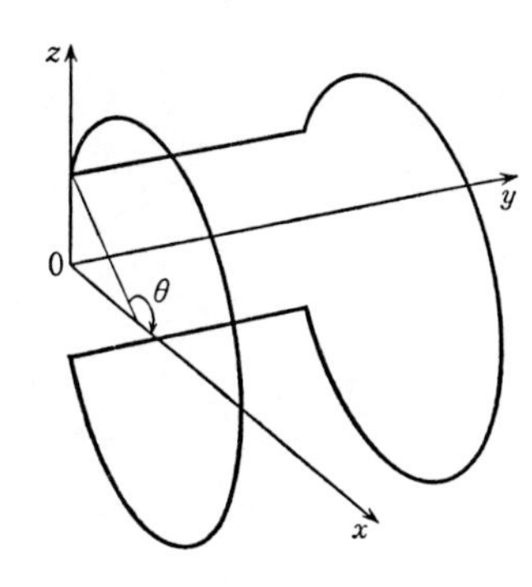

図 13.3　多価の境界条件を与える曲線 Γ

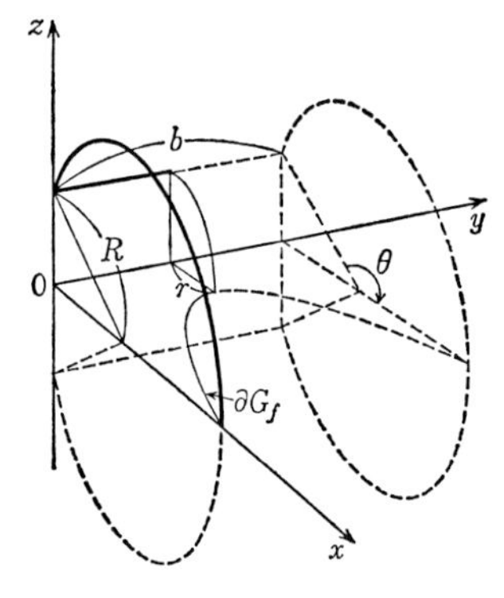

図 13.4　自由境界をもつ1価の境界を与える部分領域

ただし，xy 平面上に現れる切断線 ∂G_f は極小曲面が決まってはじめて定まる．このような境界は，第12章で述べた**自由境界**の一種とみなすことができる．したがって，この自由境界 ∂G_f 上の節点の位置は前節に述べたように変分のパラメータにとることができる．この自由境界上では，極小曲面 $z=u(x,y)$ は対称性から当然 $\partial u/\partial x=\infty$，つまり $\partial x/\partial u=0$ を満足する．

曲線 Γ の直線部分の長さを b，円弧の部分の半径を R，その中心角を 2θ とする．すると，以上述べてきたことから，問題の境界条件は次のように与えることができる．

$$\left\{\begin{array}{ll} x=0,\ 0\le y\le \dfrac{b}{2}\ \text{において}\qquad u=R\sin\theta & (13.5.1)\\ y=0,\ 0\le x\le R(1-\cos\theta)\ \text{において} & \\ \qquad u=\{R^2-(x+R\cos\theta)^2\}^{1/2} & (13.5.2)\\ y=\dfrac{b}{2},\ 0\le x\le r\ \text{において}\qquad \dfrac{\partial u}{\partial y}=0 & (13.5.3)\\ \text{自由境界}\ \partial G_f\ \text{において}\qquad u=0,\ \dfrac{\partial x}{\partial u}=0 & (13.5.4)\end{array}\right.$$

y 軸から自由境界 ∂G_f までの距離 r は，問題を解いてはじめて定まる未知数である．

領域 G の分割は次のように行う．まず，$y=0$ における xz 平面上の円弧の角 θ を等角度 $\Delta\theta$ で M 等分し，円弧上の等分点から x 軸に下した垂線の足 $(x_{i,0},0)$ を x 軸上の節点にとる．ただし，

$$x_{i,0}=R\{1-\cos(i\Delta\theta)\},\qquad \Delta\theta=\frac{\theta}{M},\qquad i=0,1,\cdots,M \quad (13.5.5)$$

である．次に，y 軸上の区間 $0\leq y\leq b/2$ をきざみ幅 Δy で N 等分して，各等分点 $(0,y_j)$ を y 軸上の節点にとる．ただし，

$$y_j=j\Delta y,\qquad \Delta y=\frac{b}{2N},\qquad j=0,1,\cdots,N \qquad (13.5.6)$$

である．そして，y 軸上の各節点 $(0,y_j)$ から x 軸に平行線を引き，その平行線が自由境界 ∂G_f と交わる点 $(x_{M,j},y_j)$ を ∂G_f 上の節点にとる．$x_{M,j}$ は自由境界上の節点の x 座標であるから，未知数である．さらに，$y=y_j$ における区間 $0\leq x\leq x_{M,j}$ を $x_{i,0}$ の分布と同じ比率で分割することにより，すべての節点が定まる(図13.5)．つまり，一般の節点 $(x_{i,j},y_j)$ の x 座標は

$$x_{i,j}=\frac{x_{M,j}x_{i,0}}{x_{M,0}} \qquad (13.5.7)$$

で与えられる．

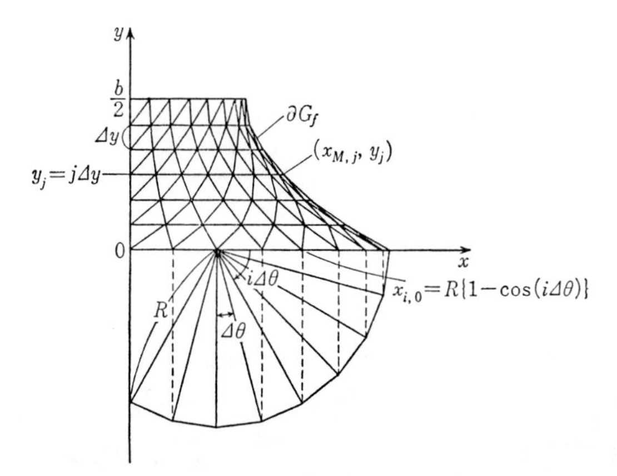

図13.5　領域の分割

境界条件(13.5.1)および(13.5.2)は，対応する境界節点での値を指定された通り与えることによって処理することができる．また，条件(13.5.3)は，境界に接している三角形要素 τ における積分(13.4.7)のうち $\partial\hat{u}_n/\partial y$ に対応する右辺の中括弧の中の第3項目を0と置けばよい．さらに境界条件(13.5.4)の第2の条件は，三角形 T を (x,y) の関数 u ではなく，(y,u) の関数 x であるとみなすことによって同様に処理することができる．すなわち，自由境界に接する三

角形 T は関数

$$x = x(y, u) \tag{13.5.8}$$

によって与えられると見れば，その面積は

$$S_T = \iint \{1 + x_y{}^2 + x_u{}^2\}^{1/2} dy du \tag{13.5.9}$$

と書くこともできる．これを計算すれば(13.4.7)の右辺に一致することはいうまでもないが，(13.5.4)の第 2 の条件に対応する項は

$$\frac{\partial x}{\partial u} = -\begin{vmatrix} 1 & 1 & 1 \\ x_i & x_j & x_k \\ y_i & y_j & y_k \end{vmatrix} \Bigg/ \begin{vmatrix} u_i & u_j & u_k \\ 1 & 1 & 1 \\ y_i & y_j & y_k \end{vmatrix} \tag{13.5.10}$$

であるから，条件(13.5.4)をとり入れるためには，結局(13.4.7)の右辺の中括弧の中の第 1 項を 0 と置けばよいことがわかる．

最小にすべき $J[\hat{u}_n]$ に含まれる変数 $\{x_i, y_i, u_i\}$ のうち，変分のパラメータは，自由境界上の節点の x 座標 $x_{M,j}$，$j=1, 2, \cdots, N$ および境界条件が設定されていないすべての節点における値 u_i である．これらの未知パラメータを新たに v_i，$i=1, 2, \cdots, p$ と書くことにしよう．こうして，われわれの問題は，境界条件(13.5.1)-(13.5.4)の下で，汎関数 $J[v_1, v_2, \cdots, v_p]$ を最小にすること，すなわち

$$\frac{\partial J}{\partial v_i} \equiv f_i = 0, \qquad i = 1, 2, \cdots, p \tag{13.5.11}$$

なる連立非線形方程式を解くことに帰着された．

このような非線形方程式を解くことは必ずしも容易ではないが，われわれの問題のように真の解の形のおよその予想がつく場合には，たとえば次のような**一般化した Newton 法**が有効である．これも逐次近似法の一種である．まず，$\{v_i\}$ に対してなるべく真の解に近いと思われる初期値 $\{v_i^{(0)}\}$ を設定する．そして，次のスキームに従って m ステップ目の近似 $\{v_i^{(m)}\}$ から $m+1$ ステップ目の近似 $\{v_i^{(m+1)}\}$ を計算し，収束したとみなされるまでこれをくり返す．

$$v_i^{(m+1)} = v_i^{(m)} - \omega \frac{f_i(v_1^{(m+1)}, \cdots, v_{i-1}^{(m+1)}, v_i^{(m)}, v_{i+1}^{(m)}, \cdots, v_p^{(m)})}{\partial f_i(v_1^{(m+1)}, \cdots, v_{i-1}^{(m+1)}, v_i^{(m)}, v_{i+1}^{(m)}, \cdots, v_p^{(m)})/\partial v_i} \tag{13.5.12}$$

収束した値が近似極小曲面の節点の位置と高さを与えるわけである．ω は収束を速くするためのパラメータで，いまの問題では $\omega=1.2$ 程度にとると収束が速いことが実験的に観測されている．

具体的な例として，$R=1.0$, $\theta=5\pi/6$, $b=1.5$ なる境界をもつ問題に，$M=15\,(\Delta\theta=6°)$, $N=6$ なる領域分割を行って得られた有限要素解を図13.6に示す．実はこの場合には，非線形問題に特有の**分岐現象**が現れ，初期値 $\{v_i^{(0)}\}$ の選び方によって図に示すような2種類の解に収束することが見られる．両者には，y 軸から自由境界 ∂G_f までの距離 r に大きな差があり，数値計算の結果は，(a)の場合は $r=1.2606$, (b)の場合は $r=0.2624$ となっている．この分岐現象は $R=1.0$, $\theta=5\pi/6$ の場合にはほぼ $1.4<b<1.53$ の範囲に観測され，この範囲を外れる b に対しては解は1つになる．

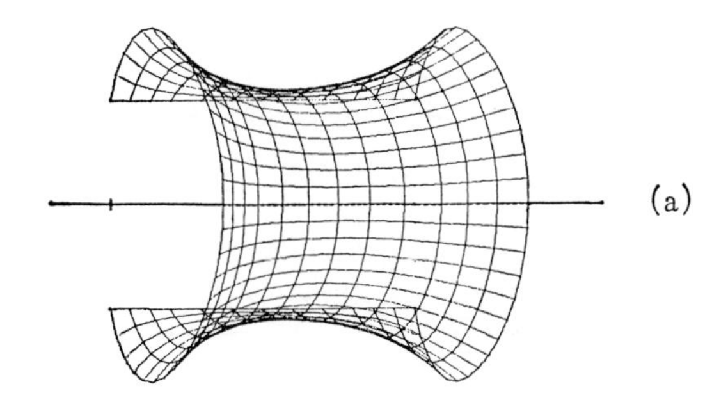
(a)

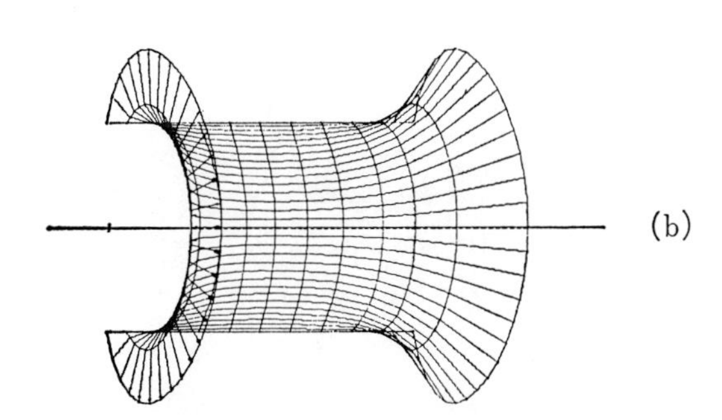
(b)

図 13.6 $R=1.0$, $\theta=5\pi/6$, $b=1.5$ の場合の2種類の解(M. Hinata, M. Shimasaki, T. Kiyono, Numerical solution of Plateau's problem by a finite element method, *Math. Comp.*, **28**, 45–60(1974)より引用)．

第14章　双対変分原理

§14.1　最小変分問題

これまで有限要素法と関連させて議論してきた変分問題は，汎関数$J[u]$を最小にする最小変分問題であった．このような最小問題は，ある操作によってその双対問題である最大問題に変換できることが知られている．本章では，変分問題の変換と，その応用として有限要素解の誤差の事後評価，あるいは付加条件の処理の問題などを議論する．

2次元領域Gにおいて，まず次のような汎関数$J[u]$の最小変分問題を考えよう．

問題1　(最小変分問題)

$$\text{境界}\ \partial G\ \text{において}\qquad u=g(x,y) \tag{14.1.1}$$

なる条件の下で

$$J[u]=\iint_G F(u,u_x,u_y)dxdy \tag{14.1.2}$$

を最小にせよ．——

ここで，$F(u,u_x,u_y)$はu，u_x，u_yの関数であり，また

$$\begin{cases} u_x=\dfrac{\partial u}{\partial x} \\[2ex] u_y=\dfrac{\partial u}{\partial y} \end{cases} \tag{14.1.3}$$

である．許容関数uに対しては，(14.1.1)と共にもちろん(14.1.2)の右辺が定義されるような微分可能性を要請しておく．$F(u,u_x,u_y)$がしかるべき条件を満足していて$J[u]$が最小解をもつようなものであるならば以下の議論はほとんどすべて成り立つが，ここではFの具体例として第4章などでこれまでしばしば扱ってきた

$$F(u, u_x, u_y) = \frac{1}{2}(u_x{}^2 + u_y{}^2 + qu^2 - 2fu) \qquad (14.1.4)$$

を中心に議論を進めることにしよう．この場合には，許容関数は§4.1で定義したH_1に属していなければならない．

最小変分問題(14.1.1)，(14.1.2)は解u^0をもつものと仮定する．すなわち，uが∂Gにおいて$u=g(x, y)$を満たすという条件の下で

$$\min_u J[u] = J[u^0] = Q \qquad (14.1.5)$$

が成立しているものとする．本章では，変分問題の厳密解は上のように上付添字0を付して表すことにする．Qは$J[u]$の最小値である．したがって，一般には

$$Q \leq J[u] \qquad (14.1.6)$$

が成立している．実際，$F(u, u_x, u_y)$が(14.1.4)で与えられる場合には，$q \geq 0$なる条件の下で問題1に解が存在することは§4.2の議論から明らかであろう．

この最小問題の解u^0は，これまで見てきたようにJの第1変分が0という条件を満たす．すなわち，∂Gにおいて$\delta u=0$を満たす任意の変分を$v=\delta u$と置くとき，u^0は次の弱形式の方程式の解として与えられる．

$$\begin{cases} \delta J = \iint_G \left(F_u v + F_{u_x}\dfrac{\partial v}{\partial x} + F_{u_y}\dfrac{\partial v}{\partial y}\right) dxdy = 0, \qquad \forall v \in \mathring{H}_1 & (14.1.7) \\ \partial G \text{ において} \qquad u = g & (14.1.8) \end{cases}$$

ただし，F_u, F_{u_x}, F_{u_y}は，x, y, u, u_x, u_yをFの独立変数と考えてFをそれぞれu, u_x, u_yで偏微分したものである．以下，Fに対するこれらの微分可能性と共に，F_u, F_{u_x}, F_{u_y}はいずれもH_1に属す関数であることを仮定しておく．また，$\mathring{H}_1$は，§4.1で定義した，(4.1.7)を満たすH_1の部分空間である．Fが(14.1.4)で与えられる場合には，(14.1.7)は(4.1.13)に一致する．

もしもF_{u_x}およびF_{u_y}がそれぞれxおよびyに関して1階偏微分可能であれば，(14.1.7)を部分積分することにより次式が得られる．

$$\delta J = \iint_G \left(F_u - \frac{\partial}{\partial x}F_{u_x} - \frac{\partial}{\partial y}F_{u_y}\right) v dxdy$$

$$+\int_{\partial G}\left(F_{u_x}\frac{\partial x}{\partial n}+F_{u_y}\frac{\partial y}{\partial n}\right)vd\sigma=0 \tag{14.1.9}$$

∂G において $v=0$ であるから第2項は0になり，これから上の変分問題のEuler の方程式に対応して次の境界値問題が導かれる．

$$\begin{cases} F_u-\dfrac{\partial}{\partial x}F_{u_x}-\dfrac{\partial}{\partial y}F_{u_y}=0 & (14.1.10) \\ \partial G \text{ において} \quad u=g & (14.1.11) \end{cases}$$

われわれの例(14.1.4)の場合には，(14.1.10)は(4.1.1)に他ならない．

§14.2　束縛条件の追加

さて，いうまでもなく u_x および u_y は本来(14.1.3)に示すように u の微分を表す．しかし，ここでは見方を変えて，問題1において u_x および u_y は二つの新しい従属変数であるとみなし，u と u_x, u_y とは

$$\begin{cases} u_x-\dfrac{\partial u}{\partial x}=0 & (14.2.1) \\ u_y-\dfrac{\partial u}{\partial y}=0 & (14.2.2) \end{cases}$$

なる束縛条件によって関係づけられていると考えることにする．そして，いまの問題に，変分法における束縛条件を処理する **Lagrange 乗数法**(method of multipliers)を適用してみよう．すなわち，束縛条件(14.2.1)，(14.2.2)に対応してそれぞれ二つの関数 $\lambda_1(x, y)$，$\lambda_2(x, y)$ を導入し，次のような新しい汎関数 H_λ を作る．

$$H_\lambda[u, u_x, u_y]=\iint_G\left\{F(u, u_x, u_y)+\lambda_1(x, y)\left(\frac{\partial u}{\partial x}-u_x\right)\right.$$
$$\left.+\lambda_2(x, y)\left(\frac{\partial u}{\partial y}-u_y\right)\right\}dxdy \tag{14.2.3}$$

通常の Lagrange 乗数法では λ_1, λ_2 は単なる数であるが，ここでは共に x, y の関数になっていることに注意しよう．また，λ_1 および λ_2 は共に G において1階微分可能な関数，すなわち H_1 に属す関数とする．恒等式

$$\iint_G \frac{\partial}{\partial x}(\lambda_1 u)dxdy = \int_{\partial G} \lambda_1 u \frac{\partial x}{\partial n} d\sigma \tag{14.2.4}$$

および y に関する同様の式を使って部分積分を実行すると，(14.2.3) は次のようになる．

$$\begin{aligned} H_\lambda[u, u_x, u_y] = &\iint_G \left\{ F - \left(\frac{\partial \lambda_1}{\partial x} + \frac{\partial \lambda_2}{\partial y} \right) u - \lambda_1 u_x - \lambda_2 u_y \right\} dxdy \\ &+ \int_{\partial G} \left(\lambda_1 \frac{\partial x}{\partial n} + \lambda_2 \frac{\partial y}{\partial n} \right) g d\sigma \end{aligned} \tag{14.2.5}$$

ただし，ここで (14.1.1) の条件を使った．

新しい汎関数 H_λ を停留にすることを考えるとき，Lagrange 乗数法に忠実に従ってこの停留操作を一度に実行しようとするならば，u, u_x, u_y と共に λ_1 と λ_2 も変動させるべきである．しかし，最大変分問題を導くとき，ひとまず λ_1 および λ_2 は固定した関数とみなして H_λ を停留にさせるとその道すじを理解しやすい．そこで，中間的に次の問題を考えることにする．

問題 1.5　(中間的変分問題)

$\lambda_1(x, y)$ および $\lambda_2(x, y)$ は H_1 に属す固定した関数として，条件 (14.1.1) の下で $H_\lambda[u, u_x, u_y]$ を停留にせよ．——

問題 1 は $J[u]$ の最小問題であり，一方汎関数 H_λ には J に新たに u, u_x, u_y の 1 次の項が加わっただけである．したがって，問題 1.5 はやはり最小問題である．この最小問題の解を u^λ, $u_x{}^\lambda$, $u_y{}^\lambda$ としよう．すなわち

$$\min_{u, u_x, u_y} H_\lambda[u, u_x, u_y] = H_\lambda[u^\lambda, u_x{}^\lambda, u_y{}^\lambda] = Q_\lambda \tag{14.2.6}$$

とする．Q_λ はその最小値である．

最小値 Q_λ を実現させる解を求めるために，(14.2.5) の $H_\lambda[u, u_x, u_y]$ の第 1 変分 δH_λ を作る．

$$\delta H_\lambda = \iint_G \left[\left\{ F_u - \left(\frac{\partial \lambda_1}{\partial x} + \frac{\partial \lambda_2}{\partial y} \right) \right\} \delta u + \{F_{u_x} - \lambda_1\} \delta u_x + \{F_{u_y} - \lambda_2\} \delta u_y \right] dxdy \tag{14.2.7}$$

したがって，H_λ が最小値をとる条件，すなわち

$$\delta H_\lambda = 0 \tag{14.2.8}$$

より，次の 3 個の条件式が導かれる．

$$\begin{cases} F_u = \dfrac{\partial\lambda_1}{\partial x}+\dfrac{\partial\lambda_2}{\partial y} & (14.2.9) \\ F_{u_x} = \lambda_1 & (14.2.10) \\ F_{u_y} = \lambda_2 & (14.2.11) \end{cases}$$

λ_1, λ_2 を与えられた関数とするとき, (14.1.1) と共に (14.2.9)-(14.2.11) を満たす関数の組 (u, u_x, u_y) が H_λ の最小値 Q_λ を与えるわけである.

さて，この最小値 Q_λ をもとの問題1の最小値 Q と比較すると,

$$Q_\lambda \leq Q \tag{14.2.12}$$

が成り立つことがわかる．なぜならば，問題1.5に $u_x-\partial u/\partial x=0$, $u_y-\partial u/\partial y=0$ なる束縛条件を付加するとこれは問題1に帰着されるが，一方，ある最小問題に新たに束縛条件を付加すれば一般にその最小値は必ず上昇するからである.

§14.3　Lagrange 乗数法

ここで本来の Lagrange 乗数法に戻ろう．すなわち，問題1.5で仮に固定した λ_1 と λ_2 を，ここでは u, u_x, u_y と共に変動させる．このことを明示するために，(14.2.5) の代りに

$$H[u, u_x, u_y, \lambda_1, \lambda_2] = \iint_G \left\{F-\left(\frac{\partial\lambda_1}{\partial x}+\frac{\partial\lambda_2}{\partial y}\right)u-\lambda_1 u_x-\lambda_2 u_y\right\}dxdy + \int_{\partial G}\left(\lambda_1\frac{\partial x}{\partial n}+\lambda_2\frac{\partial y}{\partial n}\right)g\,d\sigma \tag{14.3.1}$$

と書いておこう．このとき，$H[u, u_x, u_y, \lambda_1, \lambda_2]$ の第1変分 δH は次のようになる.

$$\begin{aligned}\delta H &= \iint_G \Bigg[\left\{F_u-\left(\frac{\partial\lambda_1}{\partial x}+\frac{\partial\lambda_2}{\partial y}\right)\right\}\delta u+\{F_{u_x}-\lambda_1\}\delta u_x+\{F_{u_y}-\lambda_2\}\delta u_y \\ &\quad -\left(\frac{\partial\delta\lambda_1}{\partial x}+\frac{\partial\delta\lambda_2}{\partial y}\right)u-u_x\delta\lambda_1-u_y\delta\lambda_2\Bigg]dxdy+\int_{\partial G}\left(\delta\lambda_1\frac{\partial x}{\partial n}+\delta\lambda_2\frac{\partial y}{\partial n}\right)g\,d\sigma \\ &= \iint_G \Bigg[\left\{F_u-\left(\frac{\partial\lambda_1}{\partial x}+\frac{\partial\lambda_2}{\partial y}\right)\right\}\delta u+(F_{u_x}-\lambda_1)\delta u_x+(F_{u_y}-\lambda_2)\delta u_y \\ &\quad +\left(\frac{\partial u}{\partial x}-u_x\right)\delta\lambda_1+\left(\frac{\partial u}{\partial y}-u_y\right)\delta\lambda_2\Bigg]dxdy+\int_{\partial G}\left(\delta\lambda_1\frac{\partial x}{\partial n}+\delta\lambda_2\frac{\partial y}{\partial n}\right)(g-u)\,d\sigma\end{aligned} \tag{14.3.2}$$

したがって，H の停留性の条件

$$\partial H = 0 \tag{14.3.3}$$

から，次の 6 個の条件式が得られる．

$$\begin{cases} F_u = \dfrac{\partial \lambda_1}{\partial x} + \dfrac{\partial \lambda_2}{\partial y} & (14.3.4) \\ F_{u_x} = \lambda_1 & (14.3.5) \\ F_{u_y} = \lambda_2 & (14.3.6) \end{cases}$$

$$\begin{cases} \dfrac{\partial u}{\partial x} = u_x & (14.3.7) \\ \dfrac{\partial u}{\partial y} = u_y & (14.3.8) \end{cases}$$

$$\partial G \text{ において} \qquad u = g \tag{14.3.9}$$

この結果からわかるように，実は H の第 1 変分を作るとき，u の変分 δu に対して境界 ∂G の上で $\delta u=0$ を課しておく必要がない．H を停留にする操作から必然的に(14.3.9)が自然な条件として導かれるからである．その原因は，(14.2.3)から(14.2.5)を導くとき，条件(14.1.1)を使ったことにある．また，条件(14.3.7)と(14.3.8)が自然な条件として得られたことも，Lagrange 乗数法の文字通り自然な帰結である．

方程式(14.3.4)-(14.3.9)の厳密解を $\{u^0, u_x{}^0, u_y{}^0, \lambda_1{}^0, \lambda_2{}^0\}$ と書いておこう．いま，∂G において $v=0$ を満たす $\mathring{H}_1$ の任意の関数 v をとって，

$$\iint_G \left\{ \left(\frac{\partial \lambda_1{}^0}{\partial x} + \frac{\partial \lambda_2{}^0}{\partial y} \right) v + \lambda_1{}^0 \frac{\partial v}{\partial x} + \lambda_2{}^0 \frac{\partial v}{\partial y} \right\} dxdy \tag{14.3.10}$$

なる積分を考え，その値を計算してみる．部分積分を行って，∂G において $v=0$ となる条件を考慮に入れると，この積分は 0 になることがわかる．したがって，(14.3.4)-(14.3.6)より，解 $u=u^0$ は

$$\iint_G \left(F_u v + F_{u_x} \frac{\partial v}{\partial x} + F_{u_y} \frac{\partial v}{\partial y} \right) dxdy = 0, \qquad \forall v \in \mathring{H}_1 \tag{14.3.11}$$

を満たす．u^0 は(14.3.9)より ∂G において g に一致する．

ここで(14.3.11)と(14.1.7)とを比較すれば，$\partial H=0$ から導かれる解 u^0 と問題 1 の解とは同一のものであることが結論される．Lagrange 乗数法とは，この結論を導くべく定式化したものであるから，これは当然の結果である．さら

に，汎関数Hのもととなる定義(14.2.3)から明らかなように，(14.3.4)-(14.3.9)によって与えられるHの停留値とJの最小値Qとが等しいことがわかる．

§14.4　双対変分問題

与えられた関数$\lambda_1, \lambda_2 \in H_1$に対して，$u$, u_xおよびu_yが(14.1.1)と(14.2.9)-(14.2.11)あるいは(14.1.1)と(14.3.4)-(14.3.6)を満たすならば，H_λの最小値Q_λは

$$Q_\lambda \leq Q \tag{14.4.1}$$

を満足することを§14.2で見た．また，λ_1およびλ_2をうまく選ぶことができて，上の条件を満たすu, u_xおよびu_yの間にさらに(14.3.7), (14.3.8)の関係が成り立つならば，Q_λはQに一致することを前節で見た．このことから，次の重要な関係が得られる．

$$\max_{\lambda_1, \lambda_2 \in H_1} Q_\lambda = Q \tag{14.4.2}$$

したがって，汎関数$H[u, u_x, u_y, \lambda_1, \lambda_2]$を停留にする問題から，さらに次のような新しい問題が導かれる．すなわち，関係式(14.3.4)-(14.3.6)をu, u_x, u_yを媒介とするλ_1およびλ_2に対する束縛条件と考え，この束縛条件の下でλ_1およびλ_2をいろいろに変えてHを停留にさせる．この問題は，(14.4.2)より，明らかに最大変分問題である．

この最大変分問題を具体的に書き下すためには，(14.3.4)-(14.3.6)からu, u_x, u_yをx, y, λ_1, λ_2の関数として表現することができる必要がある．これをわれわれの例(14.1.4)について調べてみよう．その場合，

$$\begin{cases} F_u = qu - f & (14.4.3) \\ F_{u_x} = u_x & (14.4.4) \\ F_{u_y} = u_y & (14.4.5) \end{cases}$$

となる．したがって，(14.3.5)および(14.3.6)の条件は直ちに

$$\begin{cases} u_x = \lambda_1 & (14.4.6) \\ u_y = \lambda_2 & (14.4.7) \end{cases}$$

となることがわかる．ここで，領域内のすべてのx, yに対して$q>0$であるこ

とを仮定しよう．このとき，(14.4.3)の条件は u について解くことができて，(14.3.4)の条件は

$$u=\frac{1}{q}\left(\frac{\partial\lambda_1}{\partial x}+\frac{\partial\lambda_2}{\partial y}+f\right) \tag{14.4.8}$$

となる．その場合，(14.1.4)の F に(14.4.6)，(14.4.7)，(14.4.8)を代入し，さらにそれを(14.3.1)の汎関数 H の G における積分の被積分関数に代入すると，その部分は

$$\begin{aligned} &F-\left(\frac{\partial\lambda_1}{\partial x}+\frac{\partial\lambda_2}{\partial y}\right)u-\lambda_1u_x-\lambda_2u_y \\ &\quad=-\frac{1}{2}\left\{\lambda_1{}^2+\lambda_2{}^2+\frac{1}{q}\left(\frac{\partial\lambda_1}{\partial x}+\frac{\partial\lambda_2}{\partial y}+f\right)^2\right\} \end{aligned} \tag{14.4.9}$$

のように λ_1 と λ_2 だけの関数として表される．こうして，(14.2.5)の H_λ あるいは(14.3.1)の H を λ_1 と λ_2 を変動させて最大にする，新しい変分問題が導かれたことになる．

以上の手順を一般的な形で記述すると次のようになる．条件式(14.3.4)-(14.3.6)を使って(14.3.1)の G における積分の被積分関数を次のような λ_1, λ_2 だけの関数 $-\Psi(\lambda_1, \lambda_2)$ に表現できたものとする．

$$-\Psi(\lambda_1, \lambda_2)=F-\left(\frac{\partial\lambda_1}{\partial x}+\frac{\partial\lambda_2}{\partial y}\right)u-\lambda_1u_x-\lambda_2u_y \tag{14.4.10}$$

λ_1 および λ_2 に対しては，(14.4.10)が G で積分可能であるようななめらかさを仮定する．われわれの例(14.4.9)の場合には H_1 に属す関数であればよい．

問題 2　(最大変分問題)

$$I[\lambda_1, \lambda_2]=-\iint_G\Psi(\lambda_1, \lambda_2)dxdy+\int_{\partial G}\left(\lambda_1\frac{\partial x}{\partial n}+\lambda_2\frac{\partial y}{\partial n}\right)gd\sigma \tag{14.4.11}$$

を最大にせよ．——

この変分問題では，λ_1 と λ_2 に対する束縛条件は不要である．もとの最小変分問題の束縛条件(14.1.1)は，H を部分積分して(14.3.1)を導く際にすでに考慮に入れたことに注意しよう．

問題1の $J[u]$ の最小値が Q，そして問題2の $I[\lambda_1, \lambda_2]$ の最大値が同じ Q で

ある．したがって，しかるべき微分可能性をもち(14. 1. 1)を満たす任意の u および任意の $\lambda_1, \lambda_2 \in H_1$ に対して，つねに不等式

$$I[\lambda_1, \lambda_2] \leq J[u] \tag{14. 4. 12}$$

が成立する．

もとの最小変分問題1に対する変換(14. 3. 4)-(14. 3. 6)および(14. 4. 10)を，**Friedrichs 変換**あるいは**接触変換**という．この変換はまた，いわゆる **Legendre 変換**の一種でもある．そして，変換された変分問題2を，もとの変分問題1に対する**双対変分問題**(dual variational problem)と呼ぶ．双対変分問題はまた，**相反**(reciprocal)**変分問題**あるいは**相補的**(complementary)**変分問題**と呼ぶこともある．問題2から出発し，これに Friedrichs 変換をほどこすことによって，逆に問題1が導かれることは容易に確かめられよう．要するに，同一の問題が，J の最小化および I の最大化という双対的な立場から2通りに定式化されたわけである．

われわれの問題(14. 1. 4)に対応する，双対問題の弱形式の方程式を導いておこう．汎関数 $I[\lambda_1, \lambda_2]$ の第1変分は，束縛条件(14. 3. 4)-(14. 3. 6)の下での汎関数 $H[u, u_x, u_y, \lambda_1, \lambda_2]$ の第1変分と等しい．したがって，(14. 3. 2)の最初の式および(14. 4. 6)-(14. 4. 8)より，I の第1変分 δI は

$$\begin{aligned}\delta I &= -\iint_G \left\{\left(\frac{\partial \delta\lambda_1}{\partial x}+\frac{\partial \delta\lambda_2}{\partial y}\right)u + u_x\delta\lambda_1 + u_y\delta\lambda_2\right\}dxdy + \int_{\partial G}\left(\delta\lambda_1\frac{\partial x}{\partial n}+\delta\lambda_2\frac{\partial y}{\partial n}\right)gd\sigma \\ &= -\iint_G\left\{\frac{1}{q}\left(\frac{\partial\lambda_1}{\partial x}+\frac{\partial\lambda_2}{\partial y}+f\right)\left(\frac{\partial\delta\lambda_1}{\partial x}+\frac{\partial\delta\lambda_2}{\partial y}\right)+\lambda_1\delta\lambda_1+\lambda_2\delta\lambda_2\right\}dxdy \\ &\quad + \int_{\partial G}\left(\delta\lambda_1\frac{\partial x}{\partial n}+\delta\lambda_2\frac{\partial y}{\partial n}\right)gd\sigma\end{aligned} \tag{14. 4. 13}$$

となる．ここで，$\delta\lambda_1, \delta\lambda_2$ の代りにそれぞれ μ_1, μ_2 と書けば，条件 $\delta I=0$ より(14. 1. 4)の場合の双対変分問題に対応する，次の弱形式の方程式が導かれる．

$$\begin{aligned}&\iint_G\left\{\frac{1}{q}\left(\frac{\partial\lambda_1}{\partial x}+\frac{\partial\lambda_2}{\partial y}+f\right)\left(\frac{\partial\mu_1}{\partial x}+\frac{\partial\mu_2}{\partial y}\right)+\lambda_1\mu_1+\lambda_2\mu_2\right\}dxdy \\ &\quad = \int_{\partial G}\left(\mu_1\frac{\partial x}{\partial n}+\mu_2\frac{\partial y}{\partial n}\right)gd\sigma, \qquad {}^\forall\mu_1, \mu_2 \in H_1\end{aligned} \tag{14. 4. 14}$$

さらに，(14. 3. 2)の第2の式から，あるいは(14. 4. 14)を部分積分すれば，対応する次の Euler の方程式が得られる．

$$\partial G \text{ において} \qquad \frac{1}{q}\Big(\frac{\partial\lambda_1}{\partial x}+\frac{\partial\lambda_2}{\partial y}+f\Big)=g \tag{14.4.15}$$

なる条件の下で

$$\begin{cases} -\dfrac{\partial}{\partial x}\Big\{\dfrac{1}{q}\Big(\dfrac{\partial\lambda_1}{\partial x}+\dfrac{\partial\lambda_2}{\partial y}+f\Big)\Big\}+\lambda_1=0 & (14.4.16) \\ -\dfrac{\partial}{\partial y}\Big\{\dfrac{1}{q}\Big(\dfrac{\partial\lambda_1}{\partial x}+\dfrac{\partial\lambda_2}{\partial y}+f\Big)\Big\}+\lambda_2=0 & (14.4.17) \end{cases}$$

条件(14.4.8)に注意すれば，(14.4.15)-(14.4.17)が本質的に(4.1.1)-(4.1.2)に等しいものであることが理解されよう．

§14.5 束縛条件をもつ双対変分問題

前節で双対変分問題を導く際に，条件(14.3.4)-(14.3.6)から u, u_x, u_y を λ_1, λ_2 の関数として解くことができることを仮定した．しかし，この操作はつねに可能とは限らない．実際，われわれの例(14.1.4)で $q\equiv 0$ の場合には $F_u=-f$ となり，条件(14.3.4)，すなわち

$$\frac{\partial\lambda_1}{\partial x}+\frac{\partial\lambda_2}{\partial y}=-f \tag{14.5.1}$$

はこれを u について解くことは不可能である．しかし，この場合(14.5.1)は u, u_x, u_y を全く含んでいないので，これを λ_1 および λ_2 を変動させる変分問題の束縛条件として取り扱うことは可能である．その場合の手順を示すために，具体的に2次元領域 G における次の最小変分問題を考えよう．

問題1A (最小変分問題)

$$\partial G \text{ において} \qquad u=g \tag{14.5.2}$$

なる条件の下で，$u\in H_1$ に対して

$$J[u]=\frac{1}{2}\iint_G\Big\{\Big(\frac{\partial u}{\partial x}\Big)^2+\Big(\frac{\partial u}{\partial y}\Big)^2-2fu\Big\}dxdy \tag{14.5.3}$$

を最小にせよ．——

λ_1 および λ_2 を成分にもつベクトル関数

$$\boldsymbol{\lambda}=(\lambda_1,\lambda_2) \tag{14.5.4}$$

を導入すると，条件(14.5.1)は次のように書くことができる．

$$\operatorname{div}\boldsymbol{\lambda} = -f \tag{14.5.5}$$

また，$q \equiv 0$ のとき(14.5.1)を考慮に入れると，(14.4.10)は

$$-\Psi(\lambda_1, \lambda_2) = -\frac{1}{2}(\lambda_1{}^2 + \lambda_2{}^2) = -\frac{1}{2}\boldsymbol{\lambda}\cdot\boldsymbol{\lambda} \tag{14.5.6}$$

となる．こうして，上の問題1Aに対する次の双対変分問題が導かれる．

問題2A　(条件付最大変分問題)

領域 G の内部において　$\operatorname{div}\boldsymbol{\lambda} = -f$,　$\boldsymbol{\lambda} = (\lambda_1, \lambda_2)$　(14.5.7)

なる条件の下で，$\lambda_1, \lambda_2 \in H_1$ について

$$I[\lambda_1, \lambda_2] = -\frac{1}{2}\iint_G (\lambda_1{}^2 + \lambda_2{}^2)dxdy + \int_{\partial G}\left(\lambda_1\frac{\partial x}{\partial n} + \lambda_2\frac{\partial y}{\partial n}\right)gd\sigma \tag{14.5.8}$$

を最大にせよ．——

この場合にも，(14.5.2)を満たす任意の $u \in H_1$ および(14.5.7)を満たす任意の $\lambda_1, \lambda_2 \in H_1$ に対して不等式(14.4.12)が成立することは明らかであろう．

問題2Aに対応する弱形式の方程式は，(14.5.8)の第1変分を作るか，あるいは条件(14.4.6), (14.4.7)を使って(14.3.2)の第1式から直接導くことができる．ただし，いまの場合試験関数 $\lambda_1 + \delta\lambda_1$, $\lambda_2 + \delta\lambda_2$ に対して(14.5.5)の条件が成立しなければならないから，λ_1, λ_2 の変分 $\delta\lambda_1$, $\delta\lambda_2$ は条件

$$\frac{\partial\delta\lambda_1}{\partial x} + \frac{\partial\delta\lambda_2}{\partial y} = 0 \tag{14.5.9}$$

を満たさなければならない．したがって，$\delta\lambda_1$, $\delta\lambda_2$ の代りに μ_1, μ_2 と書き，

$$\boldsymbol{\mu} = (\mu_1, \mu_2) \tag{14.5.10}$$

と置くと，(14.3.2)の第1式から次の弱形式の方程式が導かれる．

G において　$\operatorname{div}\boldsymbol{\lambda} = -f$　(14.5.11)

なる条件の下で

$$-\iint_G (\lambda_1\mu_1 + \lambda_2\mu_2)dxdy + \int_{\partial G}\left(\mu_1\frac{\partial x}{\partial n} + \mu_2\frac{\partial y}{\partial n}\right)gd\sigma = 0 \tag{14.5.12}$$

ただし，μ_1, μ_2 は $\mu_1, \mu_2 \in H_1$ かつ次の条件を満たす任意関数である．

G において　$\operatorname{div}\boldsymbol{\mu} = 0$　(14.5.13)

さらに，(14.5.12)を部分積分すれば，これに対応する次の Euler の方程式を得る．

$$G\text{において}\qquad \operatorname{div}\boldsymbol{\lambda}=-f \tag{14.5.14}$$

なる条件の下で

$$\begin{cases}\dfrac{\partial u}{\partial x}=\lambda_1 & (14.5.15)\\[2ex] \dfrac{\partial u}{\partial y}=\lambda_2 & (14.5.16)\\[2ex] \partial G\text{において}\qquad u=g & (14.5.17)\end{cases}$$

ここでは u は λ_1, λ_2 を定めるためのパラメータの役割を果たしているとみなすことができる．これらの方程式(14.5.14)-(14.5.17)が本質的に(4.1.1)-(4.1.2)に等しいことは明らかであろう．

§14.6 接 触 変 換

双対変分原理の理解を直観的に深めるために，これを幾何学的な立場から眺めてみることにする．ここでは簡単のために，前節の(14.5.3)において $f\equiv 0$ と置いた問題を考えることにしよう．すなわち，$J[u]$ の被積分関数は

$$F(u_x, u_y)=\frac{1}{2}(u_x{}^2+u_y{}^2) \tag{14.6.1}$$

であるとする．いま，u_x, u_y の代りにそれぞれ ξ, η と書き，3次元の $\xi\eta\zeta$ 空間の中に(14.6.1)に対応して

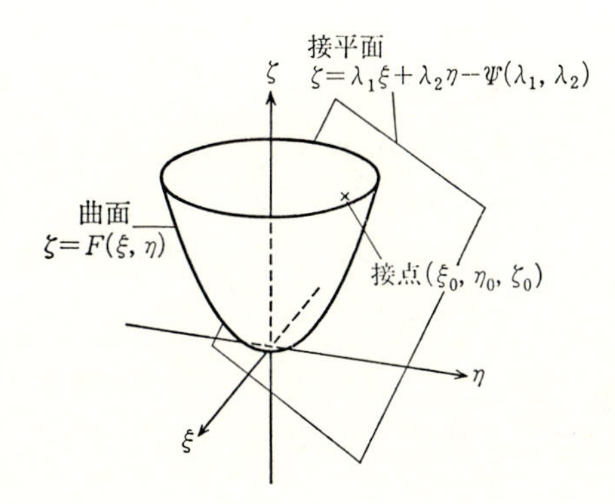

図 14.1　曲面 $\zeta=F(\xi,\eta)$ とその接平面

$$\zeta = F(\xi, \eta) = \frac{1}{2}(\xi^2 + \eta^2) \tag{14.6.2}$$

なる曲面を考える．これは微分可能かつ下に凸な回転放物面を表している．一方，この曲面上のある点 (ξ_0, η_0, ζ_0) におけるその接平面(図 14.1)の方程式は

$$\zeta = \lambda_1\xi + \lambda_2\eta - \Psi(\lambda_1, \lambda_2) \tag{14.6.3}$$

と書くことができる．λ_1, λ_2, Ψ は，点 (ξ_0, η_0, ζ_0) において(14.6.3)が(14.6.2)に接することを表す次の3条件から決められる．

$$\begin{cases} F(\xi_0, \eta_0) = \lambda_1\xi_0 + \lambda_2\eta_0 - \Psi(\lambda_1, \lambda_2) & (14.6.4) \\ F_{\xi_0} = \lambda_1 & (14.6.5) \\ F_{\eta_0} = \lambda_2 & (14.6.6) \end{cases}$$

これは，関数 F が u_x および u_y のみを含み u を陽に含まない場合の Friedrichs 変換に他ならない．なお，方程式(14.6.3)の第3のパラメータ Ψ を λ_1, λ_2 の関数としたのは，λ_1, λ_2, Ψ のうち独立に変えられるのは，接点の座標 (ξ_0, η_0) の選び方の自由度2に対応する2個だからである．

曲面(14.6.2)と平面(14.6.3)が接する点 (ξ_0, η_0, ζ_0) では(14.6.4)のように等号が成り立つが，下に凸な曲面の接平面はつねにその曲面の下側に位置するから，一般には任意の ξ, η に対して

$$F(\xi, \eta) \geq \lambda_1\xi + \lambda_2\eta_2 - \Psi(\lambda_1, \lambda_2) \tag{14.6.7}$$

が成り立つ．あるいは ξ, η をそれぞれ u_x, u_y に戻せば

$$F(u_x, u_y) - \lambda_1 u_x - \lambda_2 u_y \geq -\Psi(\lambda_1, \lambda_2) \tag{14.6.8}$$

が成立する．

接点 (ξ_0, η_0, ζ_0) は曲面(14.6.2)上に任意にとることができ，しかも不等式(14.6.7)は $\xi\eta$ 平面上の任意の (ξ, η) に関して成り立つ．一方，接点を与える $\xi\eta$ 座標 (ξ_0, η_0) が任意にとれるということは，Friedrichs 変換(14.6.4)-(14.6.6)を介して λ_1, λ_2 も任意にとることができることを意味する．すなわち，不等式(14.6.8)は任意の u_x, u_y, λ_1, λ_2 に対して成立するのである．等号が成立するのは，λ_1, λ_2 が(14.6.5), (14.6.6)を介してちょうど $u_x = \xi_0$, $u_y = \eta_0$ に対応するときである．

不等式(14.6.8)の両辺を領域 G で積分し，両辺に境界積分

$$\int_{\partial G}\left(\lambda_1\frac{\partial x}{\partial n}+\lambda_2\frac{\partial y}{\partial n}\right)gd\sigma \tag{14.6.9}$$

を加え，さらに

$$u_x=\frac{\partial u}{\partial x},\qquad u_y=\frac{\partial u}{\partial y} \tag{14.6.10}$$

の条件を使って(14.2.4)により部分積分を行うと，次式を得る．

$$\begin{aligned}\frac{1}{2}\iint_G\left\{\left(\frac{\partial u}{\partial x}\right)^2+\left(\frac{\partial u}{\partial y}\right)^2\right\}dxdy+\iint_G\left(\frac{\partial\lambda_1}{\partial x}+\frac{\partial\lambda_2}{\partial y}\right)udxdy\\-\int_{\partial G}\left(\lambda_1\frac{\partial x}{\partial n}+\lambda_2\frac{\partial y}{\partial n}\right)(u-g)d\sigma\geq-\frac{1}{2}\iint_G(\lambda_1{}^2+\lambda_2{}^2)dxdy\\+\int_{\partial G}\left(\lambda_1\frac{\partial x}{\partial n}+\lambda_2\frac{\partial y}{\partial n}\right)gd\sigma\end{aligned} \tag{14.6.11}$$

ここで，束縛条件(14.5.2)および(14.5.7)を考慮に入れると，結局次の不等式が得られる．

$$I[\lambda_1,\lambda_2]\leq J[u] \tag{14.6.12}$$

ただし，$u\in H_1$は(14.5.2)を満たす任意の関数，$\lambda_1,\lambda_2\in H_1$は(14.5.7)を満たす任意の関数である．この不等式は(14.4.12)に他ならない．

Friedrichs変換を**接触変換**と呼ぶ理由は，以上の説明から明らかであろう．

§14.7　$J[u]$の最小値の上下界の評価

実際問題で現れる汎関数$J[u]$はある物理量に対応していて，その最小値Qが現実に観測されるその物理量の値に一致しているのが通常である．§14.9にその一例を示してある．一方，双対変分原理によると，Qは汎関数$I[\lambda_1,\lambda_2]$の最大値でもある．したがって，任意の許容関数$\hat{u}$および任意の許容関数$\hat{\lambda}_1,\hat{\lambda}_2$に対して次の不等式が成立する．

$$I[\hat{\lambda}_1,\hat{\lambda}_2]\leq Q\leq J[\hat{u}] \tag{14.7.1}$$

こうして，適当な許容関数$\hat{u}$を選んで$J[\hat{u}]$を最小にし，一方それとは独立に適当な許容関数$\hat{\lambda}_1,\hat{\lambda}_2$を選んで$I[\hat{\lambda}_1,\hat{\lambda}_2]$を最大にすれば，物理量の真の値$Q$は近似値$J[\hat{u}]$によって上から，そして近似値$I[\hat{\lambda}_1,\hat{\lambda}_2]$によって下から評価されることになる．

実際には，まず最小変分問題に対応する弱形式の方程式(14.1.7)，(14.1.8)

の有限要素解 $\hat{u}$ を求め，$J[\hat{u}]$ に代入して値を計算し，それを Q の上界とする．次に，双対変分問題に対応する弱形式の方程式，たとえば(14.4.14)の有限要素解 $\hat{\lambda}_1, \hat{\lambda}_2$ を求め，$I[\hat{\lambda}_1, \hat{\lambda}_2]$ に代入して値を計算し，それを Q の下界とすればよい．

§14.8　有限要素解の誤差の事後評価

はじめに与えられた最小変分問題の汎関数 $J[u]$ が適当な形をもっているならば，求められた有限要素解 $\hat{u}$ 自体の誤差を評価することができる場合もある．ここでも，$J[u]$ として被積分関数が(14.1.4)で与えられる場合，すなわち

$$J[u]=\frac{1}{2}\iint_G\left\{\left(\frac{\partial u}{\partial x}\right)^2+\left(\frac{\partial u}{\partial y}\right)^2+qu^2-2fu\right\}dxdy \qquad (14.8.1)$$

を調べることにする．境界条件は

$$\partial G \text{ において} \qquad u=g \qquad (14.8.2)$$

とする．

まず最初に，

$$q>0 \qquad (14.8.3)$$

の場合を考えよう．このとき，(14.8.1)を最小にする変分問題に対する双対変分問題は，(14.4.9), (14.4.10), (14.4.11)より，汎関数

$$I[\lambda_1, \lambda_2]=-\frac{1}{2}\iint_G\left\{\lambda_1{}^2+\lambda_2{}^2+\frac{1}{q}\left(\frac{\partial\lambda_1}{\partial x}+\frac{\partial\lambda_2}{\partial y}+f\right)^2\right\}dxdy$$
$$+\int_{\partial G}\left(\lambda_1\frac{\partial x}{\partial n}+\lambda_2\frac{\partial y}{\partial n}\right)gd\sigma \qquad (14.8.4)$$

を最大にする問題である．いま，条件(14.8.2)の下で(14.8.1)を最小にする変分問題の任意の許容関数を $\hat{u}$, (14.8.4)を最大にする双対変分問題の任意の許容関数を $\hat{\lambda}_1, \hat{\lambda}_2$ とする．このとき，

$$\varepsilon^2=J[\hat{u}]-I[\hat{\lambda}_1, \hat{\lambda}_2] \qquad (14.8.5)$$

なる量を定義しよう．もしも，$\hat{u}$ および $\hat{\lambda}_1, \hat{\lambda}_2$ がそれぞれ対応する問題の有限要素解としてすでに求められているならば，この ε^2 は**計算可能な量**であることに注意しよう．一方，(14.8.1)および(14.8.4)より，ε^2 が次のように表されることは容易に確かめられる．

$$\varepsilon^2 = \frac{1}{2}\iint_G\left[\left(\frac{\partial\hat{u}}{\partial x}-\hat{\lambda}_1\right)^2+\left(\frac{\partial\hat{u}}{\partial y}-\hat{\lambda}_2\right)^2+q\left\{\hat{u}-\frac{1}{q}\left(\frac{\partial\hat{\lambda}_1}{\partial x}+\frac{\partial\hat{\lambda}_2}{\partial y}+f\right)\right\}^2\right]dxdy \tag{14.8.6}$$

$\hat{\lambda}_1, \hat{\lambda}_2$ は任意の許容関数であるが，ここでとくに(14.8.4)の $I[\lambda_1, \lambda_2]$ を最大にする厳密解 λ_1^0, λ_2^0 を $\hat{\lambda}_1, \hat{\lambda}_2$ として選ぼう．すると

$$I[\hat{\lambda}_1, \hat{\lambda}_2] \leq I[\lambda_1^0, \lambda_2^0] = Q \tag{14.8.7}$$

より

$$\begin{aligned}\varepsilon^2 &\geq J[\hat{u}]-Q \\ &= \frac{1}{2}\iint_G\left[\left(\frac{\partial\hat{u}}{\partial x}-\lambda_1^0\right)^2+\left(\frac{\partial\hat{u}}{\partial y}-\lambda_2^0\right)^2+q\left\{\hat{u}-\frac{1}{q}\left(\frac{\partial\lambda_1^0}{\partial x}+\frac{\partial\lambda_2^0}{\partial y}+f\right)\right\}^2\right]dxdy\end{aligned} \tag{14.8.8}$$

が成り立つ．ところが，(14.4.6)-(14.4.8)より，この不等式は

$$\varepsilon^2 \geq \frac{1}{2}\iint_G\left[\left(\frac{\partial\hat{u}}{\partial x}-\frac{\partial u^0}{\partial x}\right)^2+\left(\frac{\partial\hat{u}}{\partial y}-\frac{\partial u^0}{\partial y}\right)^2+q(\hat{u}-u^0)^2\right]dxdy \tag{14.8.9}$$

となる．右辺は§6.4で定義したエネルギー・ノルムに他ならない．こうして，有限要素解 $\hat{u}$ のエネルギー・ノルムによる誤差が，計算可能な量 ε^2 によって次のように評価されることがわかった．

$$\|\hat{u}-u^0\|_a \leq \varepsilon \tag{14.8.10}$$

この評価は，有限要素解 $\hat{u}$ および $\hat{\lambda}_1, \hat{\lambda}_2$ が求められた後に，その結果を使って $\hat{u}$ の誤差の上界を具体的に与えるものである．その意味で，このような評価を誤差の**事後評価**(a posteriori error estimate)という．それに対して，第3章あるいは第6章で行ったように，与えられた問題の諸条件を使って問題を解く前に誤差の推定を行うことを，誤差の**事前評価**(a priori error estimate)という．双対変分問題の有限要素解 $\hat{\lambda}_1, \hat{\lambda}_2$ の誤差評価が必要な場合には，上と同様の手順でこれを導くことも可能である．

エネルギー・ノルムによる評価(14.8.10)が得られれば，楕円型の条件(4.3.8)を利用して次のようなSobolevノルムによる評価を導くこともできる．

$$\|\hat{u}-u^0\|_1 \leq \frac{1}{\sqrt{\gamma}}\varepsilon \tag{14.8.11}$$

次に，

$$q \equiv 0 \tag{14.8.12}$$

の場合を考えてみよう．このとき，(14.5.3)および(14.5.8)より

$$\begin{aligned}\varepsilon^2 &= J[\hat{u}]-I[\hat{\lambda}_1, \hat{\lambda}_2] \\ &= \frac{1}{2}\iint_G\left\{\left(\frac{\partial\hat{u}}{\partial x}-\hat{\lambda}_1\right)^2+\left(\frac{\partial\hat{u}}{\partial y}-\hat{\lambda}_2\right)^2\right\}dxdy\end{aligned} \tag{14.8.13}$$

となる．ここで，$\hat{\lambda}_1, \hat{\lambda}_2$ として厳密解 $\lambda_1{}^0, \lambda_2{}^0$ をとれば

$$\begin{aligned}\varepsilon^2 &\geq \frac{1}{2}\iint_G\left\{\left(\frac{\partial\hat{u}}{\partial x}-\frac{\partial u^0}{\partial x}\right)^2+\left(\frac{\partial\hat{u}}{\partial y}-\frac{\partial u^0}{\partial y}\right)^2\right\}dxdy \\ &= \|\hat{u}-u^0\|_a{}^2\end{aligned} \tag{14.8.14}$$

となるが，再び楕円型の条件(4.3.8)より Sobolev ノルムによる(14.8.11)と同じ形の評価が導かれる．

ここで述べた事後評価を実行するためには，はじめに与えられた問題と，それに対応する双対問題の二つを解かなければならない．双対問題を解くこと自体に意義のある次節に示す例のような場合にはこの評価法はきわめて効率的なわけであるが，そうでない場合には，誤差評価のためだけに問題を2回解く価値があるかどうかを事前に考えるべきであろう．また，有限要素解 $\hat{\lambda}_1, \hat{\lambda}_2$ は許容関数としての条件を厳密に満たしていなければならないが，この条件を厳密にとり入れることがきわめてむずかしい場合がしばしばある．たとえば，$q\equiv 0$ の場合の双対変分問題では，有限要素解は領域 G の内部で(14.5.7)の条件を満たさなければならないが，これを厳密に満足させることは一般には相当に困難である．それに対して，$q>0$ の場合の(14.4.11)の $I[\lambda_1, \lambda_2]$ を最大にする双対変分問題を解くことは比較的容易である．このように，ここで述べた事後評価は，それが実際的か否か検討を行った上で実行すべきである．

§14.9　双対変分原理の物理的意味

双対変分原理は，単に数学的な立場から形式的なものとして導かれるだけでなく，物理的にも明確な意味をもつ場合が多い．ここでは誘電体の中に置かれた導体の静電容量を例にとって，双対関係にある量 u および λ_1, λ_2 の物理的意味を調べてみよう．

導体の形状および誘電体の誘電率が3次元空間のある特定方向に関して一定であるとき，この導体に一定の電荷を与えたとしよう．このとき，その導体の外側の領域の**静電ポテンシャル** u は，この電荷一定の方向に垂直な平面内の2次元領域 G における次の問題の解として与えられる．

$$\begin{cases} \mathrm{div}\,(\varepsilon\,\mathrm{grad}\,u) = \dfrac{\partial}{\partial x}\left(\varepsilon\dfrac{\partial u}{\partial x}\right)+\dfrac{\partial}{\partial y}\left(\varepsilon\dfrac{\partial u}{\partial y}\right) = 0 & (14.9.1) \\ \partial G \text{ において} \quad u = g = \text{定数} & (14.9.2) \end{cases}$$

$\varepsilon=\varepsilon(x, y)$ は誘電体の誘電率で，既知である．∂G は領域 G の境界，つまり電荷を与える導体を表す．この問題は，閉じた図形 ∂G の外側の領域で与えられている，いわゆる**外部問題**である．このとき，

$$e = \frac{1}{4\pi}\int_{\partial G}\varepsilon\frac{\partial u}{\partial n}d\sigma \tag{14.9.3}$$

が導体上の全電荷であり，

$$C = \frac{e}{g} = \frac{1}{4\pi g}\int_{\partial G}\varepsilon\frac{\partial u}{\partial n}d\sigma \tag{14.9.4}$$

がこの誘電体の中に置かれている導体の静電容量である．$\partial/\partial n$ は外部領域 G から見た外向き法線方向，つまり導体の内部へ向かう法線方向の微分である．

外部問題を有限要素法で解くことにはそれなりのむずかしさがあるが，ここではこの問題の有限要素解を求めることができると仮定して議論をすすめることにする．方程式(14.9.1)は，汎関数

$$J[u] = \frac{1}{2}\iint_G \varepsilon\left\{\left(\frac{\partial u}{\partial x}\right)^2+\left(\frac{\partial u}{\partial y}\right)^2\right\}dxdy \tag{14.9.5}$$

に対する Euler の方程式になっていることは容易に確かめられる．一方，(14.9.1), (14.9.2)を満たす厳密解 u^0 を(14.9.5)に代入して部分積分を行うと

$$\begin{aligned} J[u^0] &= -\frac{1}{2}\iint_G u^0\,\mathrm{div}\,(\varepsilon\,\mathrm{grad}\,u^0)dxdy+\frac{1}{2}\int_{\partial G}u^0\varepsilon\frac{\partial u^0}{\partial n}d\sigma \\ &= \frac{1}{2}g\int_{\partial G}\varepsilon\frac{\partial u^0}{\partial n}d\sigma = 2\pi g^2 C \end{aligned} \tag{14.9.6}$$

となる．つまり，$J[u]$ は**静電容量**という物理量に対応しているわけである．$J[u]$ は $u=u^0$ のとき最小値をとることは明らかである．一方，(14.9.5)の最小

化に対応する弱形式の方程式は

$$\begin{cases} \iint_G \varepsilon\left(\frac{\partial u}{\partial x}\frac{\partial v}{\partial x}+\frac{\partial u}{\partial y}\frac{\partial v}{\partial y}\right)dxdy = 0, \quad \forall v \in \mathring{H}_1 & (14.9.7) \\ \partial G \text{ において} \quad u = g & (14.9.8) \end{cases}$$

で与えられるから，この方程式の有限要素解 $\hat{u}$ を(14.9.5)に代入すれば，静電容量 C の近似値 C_1 が求められたことになる．これは C の上界を与える．

ここでは

$$F(u, u_x, u_y) = \frac{1}{2}(u_x{}^2+u_y{}^2)\varepsilon \qquad (14.9.9)$$

であり，F は u を陽に含まない．したがって，§14.5と同様の扱いにより，対応する双対変分問題は，

$$\text{領域 } G \text{ において} \quad \mathrm{div}\,\boldsymbol{D} = 0, \quad \boldsymbol{D} = (d_1, d_2) = (\varepsilon\lambda_1, \varepsilon\lambda_2) \qquad (14.9.10)$$

なる条件の下で

$$I[d_1, d_2] = -\frac{1}{2}\iint_G \frac{1}{\varepsilon}(d_1{}^2+d_2{}^2)dxdy + g\int_{\partial G}\left(d_1\frac{\partial x}{\partial n}+d_2\frac{\partial y}{\partial n}\right)d\sigma \qquad (14.9.11)$$

を最大にする問題になることがわかる．この最大問題に対応するEulerの方程式は，§14.5の最後の結果からも明らかなように，

$$\text{領域 } G \text{ において} \quad \mathrm{div}\,\boldsymbol{D} = 0 \qquad (19.9.12)$$

なる条件の下で

$$\begin{cases} \varepsilon\frac{\partial u}{\partial x} = d_1 & (14.9.13) \\ \varepsilon\frac{\partial u}{\partial y} = d_2 & (14.9.14) \\ \partial G \text{ において} \quad u = g & (14.9.15) \end{cases}$$

となる．そして，この問題の有限要素解 $\hat{\boldsymbol{D}}=(\hat{d}_1, \hat{d}_2)$ を求めれば，C を下からおさえる近似値 C_2 が得られたことになる．すなわち，次の評価が成り立つ．

$$\frac{1}{2\pi g^2}I[\hat{d}_1, \hat{d}_2] \leq C \leq \frac{1}{2\pi g^2}J[\hat{u}] \qquad (14.9.16)$$

条件(14.9.2)の下で $J[u]$ を最小にするもとの最小変分問題の厳密解 u^0 は静電ポテンシャルを与える．一方，条件(14.9.10)の下で $I[d_1, d_2]$ を最大にする双対変分問題の厳密解 $\boldsymbol{D}^0$ は実は**電束密度**に対応している．換言すれば，前者の最小問題では，条件(14.9.13)-(14.9.15)を厳密に満たすという条件の下で，方程式(14.9.12)の解，あるいは同じことであるが方程式(14.9.1)の解であるポテンシャルを近似的に求めているのであり，一方後者の最大問題では，条件(14.9.12)を厳密に満たすという条件の下で方程式(14.9.13)-(14.9.15)の解である電束密度を近似的に求めているのである．

このように，双対変分原理では，一般に厳密解の満たすべき条件式および方程式を二つのグループに分け，その一方は厳密に満たすという条件の下で他方を近似的に満たすものを求めているわけである．こうすることによって，目的の物理量が双対関係にある2種類の物理量の関数として2通りに表現され，一方の近似解からその物理量の上界が，そして他方の近似解からその下界が得られるのである．

§14.10 混　合　法

これまでの議論から明らかなように，双対変分原理の基本は，付加条件をLagrange乗数法によって処理することにある．この考えは，汎関数の最小性あるいは最大性という枠を無視して実際問題に応用することも可能である．

例として§14.5の問題2Aを考えよう．この問題では，許容関数は

$$\text{領域の内部}\ G\ \text{において}\qquad \operatorname{div}\boldsymbol{\lambda} = -f \tag{14.10.1}$$

という条件を満たさなければならないが，たとえば区分的1次関数があらかじめこの条件を厳密に満たすようにすることは一般には不可能である．そこで，この条件に $-u$ を乗じて(14.5.8)の汎関数 $I[\lambda_1, \lambda_2]$ に加えてみよう．

$$\begin{aligned} I[\lambda_1, \lambda_2, u] \equiv & -\frac{1}{2}\iint_G \boldsymbol{\lambda}\cdot\boldsymbol{\lambda}\,dxdy + \int_{\partial G}\left(\lambda_1\frac{\partial x}{\partial n} + \lambda_2\frac{\partial y}{\partial n}\right)g\,d\sigma \\ & -\iint_G u(\operatorname{div}\boldsymbol{\lambda} + f)\,dxdy \end{aligned} \tag{14.10.2}$$

上で乗じた $-u$ がここではLagrange乗数に相当しているわけである．ここで，λ_1，λ_2，u に関して $I[\lambda_1, \lambda_2, u]$ の第1変分が0となるという式を作り，$\partial\lambda_1$，$\partial\lambda_2$，

δu をそれぞれ μ_1, μ_2, v と置くと，次の連立の弱形式の方程式が導かれる．

$$\begin{cases}\displaystyle\iint_G(\boldsymbol{\lambda}\cdot\boldsymbol{\mu}+u\operatorname{div}\boldsymbol{\mu})dxdy-\int_{\partial G}\left(\mu_1\frac{\partial x}{\partial n}+\mu_2\frac{\partial y}{\partial n}\right)gd\sigma=0, \\ \qquad\qquad \forall\boldsymbol{\mu}=(\mu_1,\mu_2),\qquad \mu_1,\mu_2\in H_1 \qquad\qquad (14.10.3) \\ \displaystyle\iint_G(\operatorname{div}\boldsymbol{\lambda}+f)vdxdy=0,\qquad \forall v\in H_1 \qquad\qquad (14.10.4)\end{cases}$$

第1の方程式を部分積分すると，

$$\iint_G\left\{\left(\lambda_1-\frac{\partial u}{\partial x}\right)\mu_1+\left(\lambda_2-\frac{\partial u}{\partial y}\right)\mu_2\right\}dxdy+\int_{\partial G}\left(\mu_1\frac{\partial x}{\partial n}+\mu_2\frac{\partial y}{\partial n}\right)(u-g)d\sigma=0 \tag{14.10.5}$$

となる．したがって，μ_1, μ_2, v が任意であることにより，(14.10.3), (14.10.4) を満たす u が(14.5.14)-(14.5.17)を満たすことがわかる．Lagrange 乗数をあらかじめ $-u$ と置いたのは，この結果を想定してのことである．

弱形式の方程式(14.10.3), (14.10.4)には1階微分が含まれるのみで，他に何の外的制約条件も存在しない．したがって，この方程式は区分的1次関数に基づく有限要素法によって容易に解くことができる．

この方法では，異なる2種類の物理量 u および $\boldsymbol{\lambda}$ を混ぜて汎関数を構成し，それを停留にするという条件から近似解を求めている．その意味で，この方法は§7.7で述べた**混合法**に他ならない．このように，取り扱いのむずかしい付加条件をもつ問題は，Lagrange 乗数法を利用した混合法によって処理することを試みるとよい．ただし，いまの場合，厳密解 λ_1^0, λ_2^0, u^0 は $I[\lambda_1,\lambda_2,u]$ の最小点でも最大点でもなく，単なる鞍点である．したがってこの場合には，最小性，最大性を利用した誤差評価を導くことはできない．

参 考 文 献

[1] G. Strang, G. J. Fix, *An Analysis of the Finite Element Method*, Prentice-Hall (1973)(三好哲彦・藤井宏訳，有限要素法の理論，培風館(1976)).

[2] K. J. Bathe, E. L. Wilson, *Numerical Methods in Finite Element Analysis*, Prentice-Hall (1976)(菊地文雄訳，有限要素法の数値計算(構造工学シリーズ6)，科学技術出版社(1979)).

[3] J. J. Connor, C. A. Brebbia, *Finite Element Techniques for Fluid Flow*, Butterworth & Co. (1976)(奥村敏恵監訳・坂井・岩本訳，流体解析への有限要素法の応用(サイエンスライブラリ情報電算機37)，サイエンス社(1978)).

[4] P. G. Ciarlet, *The Finite Element Method for Elliptic Problems*, North-Holland (1978).

本書は有限要素法を微分方程式を解くという立場に立って応用数学的視野から解説したものであるが，[1]はこの立場に立って有限要素法を扱った書物のうちで最も定評ある名著である．本書を執筆するに際しても[1]を参考にした部分が多い．[2]はどちらかというと構造解析の立場に立って書かれた書物であるが，構造解析的流儀と微分方程式流儀のいわば橋渡しともいえる役割を果たしている．また，[2]には，とくに§10.2に現れた $\boldsymbol{Ky}=\lambda\boldsymbol{My}$ の型の固有値問題の数値解法が詳しい．[3]は流体の問題に対する有限要素法の標準的テキストである．[4]は楕円型問題に対する有限要素法の理論について述べた数学寄りの書物である．その内容を理解するには解析学の高度の素養を必要とするが，有限要素法の数学的側面に興味のある読者は挑戦されたい．

[5] R. Courant, D. Hilbert, *Methoden der Mathematischen Physik*, 2 Bds., J. Springer (1931, 1937)(斉藤利弥監訳・丸山・銀林・麻嶋・筒井訳，数理物理学の方法，全4巻，東京図書(1959, 1959, 1962, 1968)).

[6] 加藤敏夫，変分法，自然科学者のための数学概論，応用編(寺沢寛一編)，岩波書店(1960)，353–489.

[7] 山口昌哉・野木達夫，数値解析の基礎——偏微分方程式の初期値問題(共立講座現代の数学28)，共立出版(1969).

[8] 加藤敏夫，位相解析——理論と応用への入門，共立出版(1957).

上に掲げた書物はとくに有限要素法を対象としたものではないが，本書の内容と密接な関係があるものである．[5]は，偏微分方程式および変分法一般に関する伝統あるテキストで，[6]は第2章で述べた変分法と第14章で述べた双対変分原理をより深く理解するための参考書である．[7]は，偏微分方程式のもう一つの数値解法である差分法について述べた書物であるが，本書の第8章から第12章の間で述べた時間差分に関して参考にすべき点が多い．[8]は，本書の第3章あるいは第6章でその一端が現れている関数解析学を，応用数学の立場からより深く学ぶ者にとって，最適の書物である．

[9] G.E. Forsythe, C.B. Moler, *Computer Solution of Linear Algebraic Systems*, Prentice-Hall (1967) (渋谷政昭・田辺国士訳，線形計算の基礎，培風館 (1969)).

[10] 森正武，数値解析 (共立数学講座 12)，共立出版 (1973).

[11] J.H. Wilkinson, C. Reinsch, *Linear Algebra, Handbook for Automatic Computation*, Vol. II, Springer (1971).

[12] D.S. Kershaw, The incomplete Cholesky-conjugate gradient method for the iterative solution of systems of linear equations, *J. Comput. Phys.*, **26**, 43–65 (1978).

ここに示した書物は，連立1次方程式および固有値問題の数値解法に関するものである．[9]は，連立1次方程式の数値解法について電子計算機に密着した立場から論じた名著である．[10]は，連立1次方程式と固有値問題の代表的な数値解法を，理論的側面から解説した書物である．[11]は，計算機プログラムまで示して基本技法を解説した，線形計算のハンドブックである．なお，[2]にも線形代数と線形計算の基本に関して，詳しい解説がある．§4.11に述べた不完全LU分解法に関しては[12]を参照されたい．

[13] H. Fujii, A note on finite element approximation of evolution equations, 京都大学数理解析研究所講究録 No. 202,「有限要素法の数学的理論」, 96–117 (1974).

[14] M. Tabata, A finite element approximation corresponding to the upwind finite differencing, *Memoirs of Numerical Mathematics*, No. 4, 47–63 (1977).

[15] M. Mori, Stability and convergence of a finite element method for solving the Stefan problem, *Publ. RIMS, Kyoto Univ.*, **12**, 539–563 (1976).

[16] M. Hinata, M. Shimasaki, T. Kiyono, Numerical solution of Plateau's problem by a finite element method, *Math. Comp.*, 28, 45–60 (1974).

近年，とくに時間に依存する問題に対する有限要素法の研究を中心に，有限要素法の発展にわが国の研究者の果たした役割も大きく，本書でもそれらの研究のうちのいくつかを取り上げている．第8章と第9章のスキームの安定性は[13]，第11章の上流有限要素スキームは[14]，第12章のStefan問題は[15]，第13章の中の極小曲面問題は[16]の論文の内容を，それぞれ参考にして記述したものである．

[17] C.A. Brebbia, *The Boundary Element Method for Engineers*, Pentech Press (1978) (神谷紀生・田中正隆・田中喜久昭訳，境界要素法入門，培風館 (1980)).

本書では全く触れなかったが，偏微分方程式のもう一つの近似解法として**境界要素法**がある．境界要素法に関心のある読者は[17]を参照されたい．

索　　引

A

アイソパラメトリック変換　72
安定性の条件　110

B

Bramble-Hilbert の補題　97
分岐現象　163
分布質量系　105
物理系の硬さ　117
物体力　153

C

Cauchy-Schwarz の不等式　91
CG 法　59
逐似近似法　152
直交　26
直交補空間　30
直交関係　1
直交射影　29
直接法　20
直接解法
　連立方程式の——　59
中間的変分問題　167
Crank-Nicolson スキーム　103

D

δ関数　17
楕円型　16
　——の条件　44
第1変分　13
第2変分　13
電束密度　183
Dirichlet 型境界値問題　40
鈍角　78

E

鋭角型分割　70, 122, 139
エネルギー空間　28
エネルギー内積　28
エネルギー・ノルム　28
エネルギー・セミノルム　92
Euler の方程式　14

F

FEM　8
Fourier 展開型近似解　1
Friedrichs 変換　172
不完全 LU 分解法　59

G

Γ 関数　69
外部問題　181
外近似　93
Galerkin 法　3, 20
Galerkin 方程式　20
Gauss の数値積分公式　70
Gauss-Seidel 法　59
Gauss 消去法　59
剛性行列　7, 48
Green の公式　41

H

汎関数　9, 164
反復解法　59
半帯幅　59
平均2乗誤差　37
変分　12
変分学の基本定理　14
変分法違反　81
非圧縮性粘性流体　153

H_1-ノルム　11
Hilbert 空間　25
非斉次 Dirichlet 境界条件　21, 51
非線形問題　151
非対称(行列)　136, 142
非定常問題　100
非適合要素　90
補間　32
ほとんど対角形　7
標準三角形　67

I

1 次元熱伝導問題　100
1 次元の波動問題　127
一様性の条件　78
一般 Fourier 展開型の解　3
一般化した Newton 法　162
移流項　134

J

弱解　17
弱形式　17
事後評価　179
時間に依存する基底関数　144
時間差分　102
自由境界　160
自由境界問題　143
事前評価　179
上流有限要素三角形　140
上流有限要素スキーム　138
重調和演算子　87
重心領域　119
重心座標系　68

K

拡散問題　100
関数近似　32
関数空間　11
関数のノルム　10
加速パラメータ　59
仮想仕事の原理　17
形状関数　63
基底関数　3
　区分的 1 次の――　4
　区分的定数の――　104
広義の解　17
混合型境界条件　50
混合法　99, 184
後退型スキーム　103
後退差分スキーム　105
区分的 1 次の基底関数　4
区分的 1 次多項式　5
区分的定数関数　119
区分的定数の基底関数　104
強圧的　16
境界条件
　多価の――　159
境界要素法　186
局所基底　4
極小曲面問題　157
共役傾斜法　59
許容関数　11, 24

L

Lagrange 乗数法　166
Legendre 変換　172
L_2 安定性　116
L_∞ 安定性　116
LU 分解法　59

M

面積座標系　68
モード重ね合せ法　127
無条件安定　111

N

内近似　93
内積　25
Navier-Stokes 方程式　153
粘性係数　153
熱拡散係数　100
Neumann 条件　24

Newmark の β スキーム　131
Newton 法
　一般化した——　162
2 次元熱伝導方程式　118
2 点境界値問題　1
Nitsche のトリック　37
ノルム
　関数の——　10
　線形汎関数の——　35

O

折れ線グラフ　5

P

Plateau 問題　157
Poincaré の不等式　43
pre-Hilbert 空間　25

R

ラプラシアン　40
連立方程式の直接解法　59
連続の方程式　153
Ritz 法　20
両立条件　118

S

差分法　105
最大値原理　110, 122
最良近似　29
最小変分問題　164
3 重対角(行列)　7
三角形上の補間　74
三角形要素　45
Schwarz の不等式　26
静電ポテンシャル　181
静電容量　181
整合質量系　104
斉次 Dirichlet 型境界条件　1
正射影　26, 29
正定値　8(行列), 16(双 1 次形式)
セミノルム　11
線形汎関数　17, 35
　——のノルム　35
潜熱　143
接触変換　175
摂動誤差の表示　82
節点　3, 45
試験関数　12
振動問題　127
質量行列　7, 48
質量の集中化　104, 119
自然な境界条件　24, 49
集中質量系　104
Sobolev 空間　11
Sobolev ノルム　11
相反変分問題　172
相補的変分問題　172
双 1 次形式　9
SOR 法　59
外向き単位法線ベクトル　41
双対変分問題　172
Stefan 問題　143
数値積分　83
数値積分公式　70
　——の次数　80

T

帯幅　59
対称(双 1 次形式)　9
多重指数表示　75
多価の境界条件　159
定常流　153
適合要素　90

Y

ヤコビアン　67
要素剛性行列　62
要素行列　62
要素質量行列　62
有限要素法　8, 20
有限要素解　8
有界(な双 1 次形式)　27

Z

座標関数　63
前進型スキーム　103
前進差分スキーム　105

■岩波オンデマンドブックス■

有限要素法とその応用

1983年 9月 9日　第1刷発行
2016年 2月10日　オンデマンド版発行

著　者　森　正武（もり　まさたけ）

発行者　岡本　厚

発行所　株式会社　岩波書店
〒101-8002 東京都千代田区一ツ橋 2-5-5
電話案内 03-5210-4000
http://www.iwanami.co.jp/

印刷／製本・法令印刷

ISBN 978-4-00-730368-5　　Printed in Japan